과학적 사고로 여는
새로운 세계

천원성 지음·박영란 옮김

유전학자가 들려주는
60가지 과학의 순간들

미디어숲

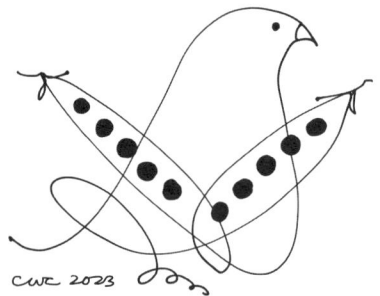

CWC 2023

차례

1 먹고 마시고 즐기는 과학

2 과학자의 이성과 감성

3 과학적 정신과 연구 태도

4 유전자, 암호, 진화

5 생명의 지속과 상호 작용

과학적 사고로 여는 새로운 세계

지구가 빠르게 변화하면서, 최근 몇 년 동안 일부 과학자들은 20세기 중반을 기점으로 1950년대 이후를 '인류세Anthropocene'라 명명하자고 제안했다. 이 제안의 표면적 동기는 가속화되고 심각해지는 환경 변화이지만, 사실 그 이면에는 과학의 발전과 그로부터 파생된 기술이 이끌어 낸 진화가 자리 잡고 있다. 따라서 오늘을 살아가는 당신이 과학을 이해하지 않으면 안 되는 이유가 여기에 있다. 당신이 과학자가 아닐지라도 과학적 사고는 필수이다.

솔직히 말해서 인류세를 살아가는 우리는 모두 날마다 과학을 목격하고, 과학을 기반으로 생각하며, 과학을 실천하고 누리고 있다. 게다가 우리는 과학이 낳은 수많은 문제에 직면하고 있다. 과학은 곧 삶이다. 이는 과장이 아니라 명백한 현실이다.

과학자들이 다루는 과학은 어쩌면 무척이나 어렵고 난해할 수 있지만, 이 책의 저자(스스로 겸손하게 유전학자일 뿐이라 말하지만)의 글은 재미있고 이해하기 쉬울 뿐 아니라, '영역을 뛰어넘는 탐험' 그 자체이다. 책에 담긴 60편의 이야기를 보면, 독자들이 일반적으로 과학 교양서에 기대하는 단어들, 예컨대 '과학자', '바이러스', '유전자', '과학 정신', '진화', 'DNA' 외에도 '대나무 헬리콥터', '유자', '볶음쌀국수', '탄산수', '푸딩', '당구', '마술사'와 같은 단어들이 등장하여 무한한 동심과 재미를 가져다준다.

각 글은 비교적 짧은 분량으로 구성되어 있지만, 그중 몇 편은 조금 더 자세히 쓰여 있다. 예를 들어 '무엇을 묻고, 어떻게 물을 것인가?'에서는 과학의 가장 기초적인 원칙을 풀어 설명한다. 이는 과학뿐 아니라 모든 문제 해결의 시작이 '올바른 질문'에서 비롯되어야 한다는 사실을 일깨워 준다. 이것은 과학적 사고의 중요성을 말하는 것이다.

마지막으로 글 제목에 등장하는 '필요한 실수', '낭만', '기병奇兵' 등의 단어들 역시 이 책이 단순한 과학서가 아님을 보여 준다. 과학이 어디까지 확장되는지는 독자 여러분들이 직접 읽고 경험해 보기를 바란다.

– 우홍찬, 타이완대학교 생명 과학과 교수

일상 속에서 만나는 생생한 과학

과학은 교과서 속 지식에만 머물러 있지 않는다. 과학은 우리 일상 곳곳에 숨어 있는 흥미로운 이야기이기도 하다. 만약 과학이 그저 시험을 위한 교실 속 공부로만 존재한다면 그것만큼 지루한 일도 없을 것이다.

아침에 눈을 떠 햇살이 창문을 통해 들어오는 순간부터 과학은 시작된다. 태양 빛은 먼 우주에서 대기를 거쳐 지구 표면까지 도달하는데, 이건 천체 물리학의 현상이다. 그런 다음 식탁에서 아침 식사를 즐긴다. 이 한 끼 식사 역시 과학의 결실이다. 축산업과 식품과학이 없었다면 그 맛은 지금처럼 풍부하지 못했을 것이다. 출근이나 등굣길에 이용하는 교통수단은 내연 기관과 배터리 기술 등 공학과 물리의 집약체라고 할 수 있다. 휴대 전화를 들어 누가 메시지를 보냈는지 확인하고, 스마트 워치로 심박수와 혈압을 측정하는 순간도 통신 기술과 의학이 만나 탄생한 과학의 또 다른 산이다. 퇴근 후 따뜻한 물로 샤워할 수 있는 것도 온수기 속 열역학의 역할이고, 샤워 후 침

대에 누워 넷플릭스를 보거나 온라인 쇼핑을 즐기는 것 역시 정보 과
학과 전자 상거래 기술이 있기에 가능한 일이다.

사실 과학은 언제나 우리 곁에 있었지만, 너무 익숙해진 나머지 자
각하지 못하고 있었을 뿐이다. 저자의 『과학적 사고로 여는 새로운
세계』는 그런 일상의 과학을 다시 보게 해 주는 책이다.

왜 사과는 나무에서 떨어지는 걸까? 이건 뉴턴만의 질문이 아니
라, 우리 모두가 품을 수 있는 호기심이다. 과학은 세상이 어떻게 움
직이는지에 대한 인간의 근본적인 탐구에서 비롯되며, 그 시작점은
언제나 호기심이다. 그런데 만약 우리가 살아가는 이 세계에 대해 아
무런 궁금함도 느끼지 않고, 과학을 그저 입시와 시험을 위한 도구로
만 여긴다면, 그야말로 본말이 전도된 것이다.

이 책은 어릴 적 처음 과학을 접했을 때의 설렘을 되살려 준다. 그
시절에는 시험도 숙제도 없었고, 오직 무한한 호기심과 수많은 질문
만이 있었다. 이 책의 이야기들은 그 시절처럼 가볍고 즐겁지만, 그
속에서 독자들이 '아, 그런 거였구나!' 하고 감탄하길 바란다.

– 린치훙, 국립양명교통대학교 총장

과학, 곧 삶의 실천

　천원성 교수의 과학 에세이를 읽는 느낌을 딱 한 글자로 표현하자면, 바로 즐거움이다.

　이 책의 부제인 '유전학자가 들려주는 60가지 과학의 순간들'이 잘 보여 주듯 이 책은 그야말로 과학의 세계를 누비는 유쾌한 여정이다. 천 교수의 깊이 있고 탄탄한 전문성에 감탄하지만, 그보다 더 놀라운 것은 그 방대한 지식을 독자들이 편안하게 받아들일 수 있도록 풀어내는 문장력이다. 그의 글은 어렵거나 무겁지 않고, 마치 산들바람처럼 부드럽고 편안하다. 또한 과학 지식에서 출발해 인생의 철학으로까지 뻗어 나가는 통찰력은 독자들로 하여금 걸음을 멈추고 오랫동안 생각하게 만든다.

　예를 들어 천 교수는 "데이터베이스가 크다고 해서 반드시 좋은 것은 아니다. 필요를 충족할 수 있다면, 작고 정제된 것이 오히려 더 좋다."라고 했는데, 오늘날 AI가 주도하는 시대에는 거의 모든 이가 빅 데이터에 열광하고 있다. 물론 데이터를 다루는 일은 인공 지능

입장에서 보면 식은 죽 먹기일 수 있다. 하지만 중요한 건 그 결과물을 '인간의 지능'으로 걸러 내고 판단해야 한다는 점이다. 결국 우리는 최종적인 판단을 내리는 '작업자'인 셈이다. 이 부분을 읽으면서 나 역시 정말 많은 생각을 하게 되었다.

이 책은 과학을 삶 속에서 실천하는 태도의 중요성을 일깨워 준다. 진리를 향한 과학자의 끈질긴 탐구, 인생을 성찰하는 철학자의 사유 그리고 그것이 삶의 태도로 확장되는 흐름을 잘 타면서 읽어 보길 바란다. 이 모든 것이 내가 앞으로 추구하고 싶은 길이기도 하다.

– 린쉬안안, 타이중 시립 장이고등학교 물리 · 화학 교사

이성과 감성을 겸비한 과학자

어느 주말, 천원성 교수의 신작에 대한 추천의 글을 써 달라는 요청을 받았다. 나는 천 교수의 글을 한 편 한 편 매우 즐겁게 읽어 내려갔다. 책 속의 글들은 과학을 다루고 있지만, 일반적인 과학서에서 흔히 느껴지는 딱딱한 전문 용어가 주는 부담은 전혀 없었다.

천 교수가 일상에서 직접 경험한 인물과 사건, 사물을 이야기의 출발점으로 삼아 독자를 자연스럽게 글 속으로 이끌고, 그 흐름을 따라 물리적·화학적 현상을 설명하거나, 특히 생물학과 분자 생물학의 고전적인 사례들을 풀어내고 있다. 또한 과학자로서의 태도와 철학에 대해서도 다루고 있으며, 고금을 넘나드는 다양한 주제를 아우른다. 특히 코로나 팬데믹 시기의 이야기, 코로나바이러스와 RNA 백신 개발에 관한 설명도 포함되어 있다. 각각의 흥미로운 글에는 천 교수가 직접 그린 삽화까지 수록되어 있어 읽는 재미와 상상력을 더해 준다.

천 교수는 나의 선배이기도 하다. 나는 양명의학원이 양명대학교로 바뀌던 시기부터 유전학연구소의 천 교수를 알고 지내왔다. 당시

각 연구소는 매우 활발한 학문적 분위기 속에 있었고, 그러한 분위기는 자연스레 많은 젊은이가 과학 연구의 길로 나아가도록 만들었다. 천 교수의 제자들은 그 특유의 학문과 예술을 아우르는 스타일을 직접 경험하며 학계는 물론 산업계, 정부 등 여러 분야에서 역량을 펼치고 있다.

이후 생명 과학 학과와 유전학연구소가 통합되어 현재의 생명 과학과 및 유전체과학연구소가 되었고, 지금은 동료로 함께 일하고 있다. 나는 늘 천 교수를 '로맨틱한 과학자'라고 생각했다. 그는 이성과 감성을 모두 갖춘 인물이며, 그가 다루는 지식의 범위도 상당히 넓다.

이 책은 그 자체로도 흥미로운 책이다. 일반 대중에게 훌륭한 과학 교양서가 될 뿐 아니라, 교실 밖의 어린 학생들에게도 깊이 있는 확장 독서 자료로도 손색이 없다. 이 책을 읽는 사람마다 각기 다른 방식으로 과학의 매력을 발견하게 될 것이다.

– 천쥔밍, 유전체과학연구소장

교과서 밖으로 떠나는 경이로운 여정

　과학적 방법은 이 세상을 이해하는 여러 효과적인 방식 중 하나이다. 기초 과학을 전공하고 연구의 길로 들어선 대부분의 학생 역시 과학의 정밀함과 다채로움에 깊이 매료되지 않았을까?

　내가 생명 과학 연구에 몸담게 된 것도 사실 단순한 감동에서 시작되었다. 모세포가 두 개의 자식 세포로 정확하게 분열되는 장면에서 느낀 경이로움, 초파리 실험을 통해 멘델의 법칙이 반복해서 입증되는 순간들 그리고 그것이 다윈의 이론과 완벽하게 맞물린다는 사실이 주는 소소한 기쁨이 바로 그것이다.

　하지만 시간이 지나면서 점점 더 어려운 전공과목을 배우고, 보고서와 시험에 시달리다 보니 과학이 처음 내게 안겨 주었던 그 아름다움과 설렘을 점차 잊어버리는 듯했다. 과학을 진지하게 배우다 보면, 교과서를 읽는 일이 일종의 '필요악'처럼 느껴지기도 한다.

　실제 과학적 발견의 과정은 교과서 속 짧은 단락보다 훨씬 더 복잡하고 드라마틱하다. 그리고 그 여정에서 얻는 통찰과 영감은, 교과서 속에서 이미 결론지어진 지식보다 훨씬 더 값지기도 하다.

천원성 교수의 신작을 통해 세상에 대한 호기심을 다시 불러일으켜 보자. 중추절에 풍성하게 수확되는 자몽 이야기에서부터, 우리가 먹고 마시고 놀고 즐기는 일상 곳곳에 숨은 과학적 원리까지, 천 교수는 순수한 호기심으로 하나하나 탐색해 간다. 물론 전문 과학자가 된 이후의 시선은 학창 시절과는 다를 수밖에 없다. 하지만 천 교수의 글 속에서 우리는 여전히 천진하고 순수한 열정을 지닌 위대한 과학자들의 모습을 마주하게 된다.

이 책에 담긴 수많은 흥미로운 이야기들은 교과서에 등장하는 다양한 지식이 어떻게 태어났는지를 보여 주며, 과학의 세계가 얼마나 다채롭고 생생한지를 다시금 일깨워 준다. 무엇보다 중요한 것은 이 책을 통해 우리가 알게 되는 올바른 과학적 태도와 정신이다. 그것이야말로 우리가 계속 바른길을 걸을 수 있도록 이끌어 주는 힘이 될 것이다.

– 황전샹, 칭화대학교 생명 과학과 부교수

읽는 이에게 풍성한 수확을 안겨 줄 책

천원성 교수의 작품을 처음 만난 것은 그의 저서 『증거의 실마리: 한 과학자의 생각 여정 稼索: 一位本土科學家的心路歷程』을 통해서였다. 언제 봤는지는 기억나지 않지만, 요즘 과학 도서 시장이 거의 외국 서적으로 뒤덮인 상황 속에서 타이완의 연구자가 자신의 연구를 직접 풀어내며, 생동감 있고 재미있게 써 내려간 글을 만났다는 사실이 참으로 놀랍고도 감동적이었다.

과학 연구는 물론이고 과학 관련 글쓰기 면에서도 천 교수는 대선배다. 그다음으로 읽은 작품은 『멘델의 꿈: 유전자의 100년 역사 孟德爾之夢:基因的百年歷史』였는데, 이 책은 정말 훌륭했다. 스트렙토미세스(호기성 균) 연구로 바쁜 와중에도 다른 분야에까지 깊은 관심을 갖고, 또 이렇게 훌륭한 과학 교양서를 집필했다는 사실이 그저 놀라울 뿐이었다.

이번 신작 『과학적 사고로 여는 새로운 세계』를 펴자마자, 그에 대한 존경심이 다시금 깊어졌다. 그의 학문적 깊이는 생물학에만 국한되지 않고 화학, 물리 등 다양한 영역을 모두 아우르고 있다. 나 역시 여러 해 동안 과학과 관련된 글을 써 왔지만, 생물학 분야에 한정되어 있고 물리학은 도무지 손댈 엄두도 내지 않았다. 하지만 천 교수는 그런 주제들까지도 쉽고 재미있게 풀어냈다. 읽기가 쉽다고 이 작업 자체가 결코 쉬운 일은 아니다.

천 교수의 폭넓은 학식과 깊이에 깊은 존경을 표하며, 이 책이 분명 여러분께 풍성한 배움과 깊은 감동을 선사할 것이라 믿는다.

– 예뤄수, 츠지대학 교양교육센터 조교수

과학이 주는 설렘

『과학적 사고로 여는 새로운 세계』 속 이야기들은 마치 저자가 독자 앞에서 직접 이야기하는 것처럼 친근한 문체로 쓰여 있어, 누구나 쉽게 읽고 이해할 수 있다. 또한 한 편 한 편 글이 짧은 편이라 핵심 개념을 빠르고 명확하게 파악할 수 있다는 점이 돋보인다.

이 책에서 다루는 수많은 주제는 일상 경험에서 출발한다. 예를 들면 팝콘이나 통풍, 대나무 헬리콥터 등의 사례를 통해 생물, 물리, 화학, 수학 등 다양한 학문 영역을 넘나드는 원리를 소개한다. 이는 과학과의 융합이 강조되는 현대 교육의 흐름에 잘 부합하며, 통합적인 사고력 향상에 큰 도움이 된다. 게다가 각 글마다 천 교수가 직접 그린 재치 넘치는 삽화가 함께 실려 있어서 글의 핵심을 시각적으로도 잘 전달하고 있다.

또한 논문 저자 순서 결정과 같은 연구 현장의 실질적인 이슈들도 짚어 주어, 학생과 과학 교육 종사자 모두에게 깊이 있는 토론을 끌어낼 수 있는 새로운 시선을 던져 준다.

만약 당신이 고등학교 생물 교사라면, 이 책은 유전 단원과 밀접한 내용을 다루고 있어 수업의 훌륭한 보조 자료가 될 것이다. 학생들은 과학 지식의 배경이 되는 실제 역사적 맥락을 이해하고, 과학자들이 겪는 고난과 인내 그리고 때로는 운의 작용까지 체감할 수 있을 것이다. 특히 '과학 정신과 연구 태도'에 관한 부분에서는 삶의 자세와 사고방식을 성찰할 수 있는 통찰력도 함께 전달해 준다.

천 교수는 훌륭한 연구자이자 과학자이다. 그는 자신의 연구 경험을 바탕으로 독자들을 '발견의 현장'으로 이끌어 새로운 과학 지식을 마주했을 때의 설렘과 감동을 생생히 전해 준다. 이 책과 함께 과학이 주는 놀라움과 기쁨을 다시금 느껴 보길 바란다.

– 차이런푸, 타이베이 제1여자고등학교 생물 교사

생활 속 과학, 발견의 순간들

나는 수년 전부터 순수 학문 연구에서 과학 교육 개발과 보급으로 관심을 옮겨왔다. 그 과정에서 늘 고민했던 것은, 학문적으로 난해한 과학을 대중이 흥미를 느끼며 이해할 수 있도록 쉽게 전달하는 방법이었다. 특히 더 많은 젊은 세대가 과학을 이해하고, 사랑하며, 궁극적으로는 과학 탐구를 평생의 길로 삼게 되기를 바라는 마음이 있었다.

이번 천원성 교수의 신간은 그 기대에 부응하는 보석 같은 작품이다. 이 책에는 그가 과학 잡지에 발표한 60편의 글이 실려 있으며, 이는 지난 수십 년간 교실 안팎에서 쌓아 온 교육과 연구의 결정체라할 수 있다. 나처럼 과학 대중화를 위해 애쓰는 사람에게 이 책은 새로운 관점을 제시해 주는 귀중한 자산이며, 다양한 방식으로 사고할수 있는 계기를 가져다주었다.

과학 대중화의 가장 큰 과제는 복잡하고 심오한 과학 지식을 어떻게 쉽고 명확하게 전달하느냐에 있다. 말은 쉬워 보여도 실천에는 많은 어려움이 따른다. 과학은 본질적으로 연속적인 구조를 가지기에, 앞뒤 맥락을 생략한 채 설명하면 오히려 독자에게 혼란만 줄 수 있다. 반면 모든 맥락을 다 설명하려 하면 분량이 많아지고, 그러다 보면 오히려 대중성을 떨어뜨릴 수 있다.

이 두 가지 딜레마 사이에서 또 하나 빼놓을 수 없는 중요한 요소는 '재미'다. 과학 대중서는 눈길을 사로잡고 마음을 울릴 수 있어야 한다. 이러한 도전 속에서 천 교수는 '생활 속 과학'이라는 독창적인 분야를 개척했다고 해도 과언이 아니다. 교실과 실험실을 넘어 일상생활의 소재를 통해 생명 과학의 신비와 발견을 흥미롭고도 깊이 있게 풀어냈다.

특히 흥미로운 것은 각 글의 제목과 저자가 직접 그린 삽화다. 좋은 제목은 좋은 시와 같다. 짧은 글은 무한한 상상력을 품고 있다. 각 글의 마지막에 실린 유쾌하면서도 의미심장한 삽화는 글의 메시지를 더욱 선명하게 전달해 주는 역할을 한다. 정치나 사회 이슈를 다룬 만화는 많지만, 과학을 주제로 한 만화는 그리 흔치 않을뿐더러 이렇게 성공적으로 표현한 예는 더욱 드물다. 물리학계에서도 상대성 이론이나 양자역학을 만화로 설명하려는 시도가 있었지만, 대중에게 깊은 인상을 남긴 경우는 많지 않았다. 한 컷의 단순한 그림이지만, 그 속에 담긴 상상력은 참으로 무한하다.

디지털과 짧은 영상이 주류가 된 시대에 종이책을 펼쳐 한 편의 글을 읽는 일은 더없이 소중한 경험이 되어 버렸다. 점점 짧아지는 독자의 집중력 속에서 이 책은 과학적 통찰과 따뜻한 유머가 어우러진 최고의 해독제이다. 당신이 과학을 연구하는 사람이든, 혹은 과학이 낯설기만 한 일반 독자이든 상관없다. 이 책을 읽는 즐거움과 책장을 넘기는 기쁨은 누구에게나 같은 마음으로 전해지리라 믿는다.

– 다이밍펑, 칭화대학교 물리학과 교수·융합과학교육센터 소장

만족과 기쁨이 깃든 결실

나는 어렸을 때부터 과학을 좋아했다. 손으로 이것저것 만져 보고 과학의 원리를 탐구하는 것에 큰 흥미를 느꼈다. 또한 문학에도 깊은 관심을 보여 책을 읽는 것뿐만 아니라 직접 글을 쓰는 것도 즐겼고, 그림 그리기도 좋아했다. 할머니는 생전에 사람들에게 내 이야기를 할 때마다, 내가 학교에 들어가기도 전에 고사리손으로 기와 조각을 쥐고 땅바닥에 낙서하던 모습을 빼놓지 않고 말씀하셨다. 어른이 된 지금, 나는 과학 연구와 교육의 길을 걷고 있지만 글쓰기와 그림 그리기는 여전히 취미로 즐기고 있다.

1998년, 『증거의 실마리: 한 과학자의 생각 여정』이라는 책을 출간했다. 이 책은 연구실 동료들과 함께 세균 염색체를 연구했던 과정과 관련된 에피소드를 담고 있다. 책 속에는 과거 영국에 머물던 당시 우리가 살던 집을 직접 그린 그림도 실려 있다. 하루는 연구실에서 돌아오는데 창문 너머로 새어 나오는 따뜻한 불빛을 보면서 집에서 나를 기다리고 있을 가족들의 모습이 떠올랐다. 그때 그 순간의 감동을 간직하고 싶어서 나는 발걸음을 멈추고 펜을 꺼내 눈앞에 펼쳐진 따뜻한 풍경을 스케치했다.

그로부터 9년 후, 나는 『멘델의 꿈: 유전자의 100년 역사』를 출간했다. 이 책은 다윈의 진화론과 멘델의 완두콩 유전 연구를 시작으로 염색체와 유전자 그리고 유전자 코드의 완전한 해독에 이르기까지 100년에 걸친 유전학의 역사를 담고 있다. 당시 대중 과학 잡지 《사이언티픽 아메리칸Scientific American》의 부편집장이었던 장멍위안张孟媛은 내게 잡지의 표지와 각 장의 도입부, 본문에 더 많은 그림을 삽입해 보자고 제안했다. 그래서 내가 비둘기(비둘기를 사육한 다윈을 상징)와 완두콩(완두콩을 연구한 멘델을 상징)을 그린 그림을 실었는데, 나도 이 그림이 무척 마음에 들어, 나중에는 책에 사인할 때마다 이 그림을 함께 그려 넣곤 했다.

또 장멍위안은 나에게 《사이언티픽 아메리칸》에 매월 칼럼을 연재해 보지 않겠냐고 제안했다. 그렇게 해서 시작된 것이 바로 '교과서 밖의 과학 이야기'라는 코너였다. 이 칼럼에서는 교과서에서 다루지 않는 재미있는 과학 이야기나 일상에서 드러나지 않거나 숨겨져 있는 과학적 현상이나 원리 그리고 사람들이 쉽게 간과했던 중요한 개념들을 다루었다. 매 편 내가 직접 그린 그림을 실어 내용을 보다 쉽게 이해할 수 있도록 하고 유머와 재미를 더했다. 이렇게 과학과 문학, 예술을 융합하는 방식은 무척이나 흥미로웠다. 또 글과 그림을 함께 활용하여 과학을 탐구하는 과정에서 큰 즐거움과 만족감을 동시에 느낄 수 있었다. 물론 매번 주제와 관련이 있으면서도 독자의 흥미를 끌어낼 수 있는 그림을 구상하고 그린다는 것은 쉽지 않은 도전이기도 했다.

나의 세 번째 책『과학적 사고로 여는 새로운 세계』는 지난 6년간 연재한 '교과서 밖의 과학 이야기'에서 선별한 59편의 칼럼과 이전에 발표했던 한 편을 추가해서 엮은 것이다. 전체 60편의 글을 다섯 개의 파트로 분류했는데, Part 1 '먹고 마시고 즐기는 과학'에서는 일상생활에서 쉽게 접하고 응용하고 배울 수 있는 과학 이야기로 구성했다. 예를 들어, 당구의 물리 역학과 궁바오지딩宮保鸡丁(닭고기를 땅콩, 고추, 채소 등과 함께 볶은 중국 대표 가정식)의 화학 반응, 볶음쌀국수의 겔 여과 크로마토그래피, 대나무 헬리콥터의 유체 역학 등이 있다. Part 2 '과학자의 이성과 감성'과 Part 3 '과학적 정신과 연구 태도'에서는 과학자가 연구와 다른 활동 사이에서 어떻게 균형을 맞춰

나가는지 이야기한다. 예를 들어 멘델과 다윈의 비교, 모나드와 카뮈의 학제 간 교류 그리고 파인먼의 그림 연습 등 다양한 사례를 다루었다. Part 4 '유전자, 암호, 진화'와 Part 5 '생명의 지속과 상호 작용'에서는 다시 나의 전문 분야로 돌아가 DNA와 유전, 바이러스, 세균, 생물 진화 등의 주제를 깊이 있게 다루었다.

그렇다면 과학, 문학, 예술을 아우르는 이러한 칼럼을 나는 어떻게 쓸 수 있었을까? 물론 글마다 쓰는 과정은 조금씩 다르지만, 대체로 처음에는 머릿속에 문득 떠오르는 영감이나 의문에서 출발한다. 이 영감과 의문은 주로 내가 보고 듣고 생각한 것에서 비롯되는 경우가 많다. 이후 깊이 있는 독서와 사고, 토론을 통해 점차 답을 찾아 나가고, 실마리를 조금씩 발견해 간다. 그다음에는 관련된 문제나 현상을 더 깊이 탐구하며, 보다 단단하고 풍부한 결과를 얻기 위해 노력한다. 칼럼에 삽입할 그림에 대한 아이디어는 운이 좋으면 처음부터 아이디어가 떠올라서 가끔 글 전체의 도입부로 활용되기도 하는데, 운이 따르지 않으면 글을 다 쓰고도 오랫동안 아이디어가 떠오르지 않아 무척이나 고심할 때도 있다. 그래서 내 컴퓨터에는 이미 작성한 지 오래되었지만, 적합한 그림의 아이디어가 떠오르지 않아서 세상에 나오지 못한 원고들이 수두룩하다.

예를 하나 들어 보자면, '핵산이 문제의 원인이다'를 쓰게 된 계기는 통풍을 앓는 친구에게서 요산 수치가 높아지면 결석이 생길 수 있으며, 이를 예방하려면 스테이크, 돼지 간, 돼지나 양의 콩팥 요리, 버섯 등 퓨린 함량이 높은 음식을 피해야 한다는 말을 들은 것이었다. 퓨린은 핵산(DNA와 RNA)을 구성하는 염기 단위 중 하나이다. 평생 핵산을 연구해 온 나로서는 왜 특정 식품에 퓨린의 함량이 특히 많이 들어있는지 그 이유가 궁금했다. 그래서 동료들과 의사들에게 질문해 보았지만, 정확한 답을 아는 사람은 아무도 없었다. 이에 나는 단순하지만 논리적인 가설을 세워 보았다.

'퓨린 함량이 높은 이유는 DNA 함량이 높기 때문이고, DNA 함량이 높다는 것은 세포 함량이 높다는 것을 의미하므로 퓨린 함량이 높은 식품은 세포 함량이 많은 식품일 것이다.'

그리고 이 가설을 검증하기 위해 관련 문헌을 찾아보았지만, 이를 명확하게 설명할 수 있는 자료는 찾을 수 없었다. 그럼에도 불구하고 기존 데이터들은 내 가설을 뒷받침해 주었다. 예를 들어, 간^肝은 세포가 빽빽하게 밀집된 조직이기 때문에 퓨린 함량이 매우 높다. 반면 달걀은 세포가 거의 없어서 퓨린의 함량을 논할 수 없을 정도로 낮다. 또한 연구를 진행하는 과정에서 유인원을 제외한 동물 대부분이 통풍에 걸리지 않는다는 흥미로운 사실도 발견했다. 이는 유전자의 돌연변이와 흥미로운 진화적 의미로까지 연결되어 글의 내용을 더욱 유익하고 풍성하게 만들어 주었다. 하지만 이 글에 어울리는 그림을 어떻게 그릴지가 고민이었다. 마땅한 아이디어가 떠오르지 않아 한참을 고심한 끝에, 결국 DNA 분자의 염기들이 살아 움직이며 직접 말을 하는 장면을 구상했다.

　이 책은 생물학에 초점을 맞춘 과학 교양서이면서도 예술적 요소를 담고 있다. 창작의 여정에서 때때로 장애물과 좌절을 만나기도 했지만 그만큼 많은 만족과 기쁨을 얻었다. 우리 사랑하는 독자 여러분이 이 책을 읽을 때도 큰 어려움 없이 풍성한 만족과 기쁨을 누리길 진심으로 바란다.

저자 천원성

과학적 사고로 여는 새로운 세계

1

먹고 마시고
즐기는 과학

일상 속의 모든 것은

과학적 질문으로 발전할 수 있다.

과학적 사고력은

종종 먹고 마시며 즐기는

생활 속에서 비롯되기도 한다.

과학자의 시선으로,

우리 삶과 연결된

다양한 과학의 모습들을

함께 들여다보자.

01

유자, 아낌없이 주는 나무

> 좋은 과실로는 강포江浦 지방의 귤과
>
> 운몽雲夢 **1** 지방에서 나는 유자柚子 **2**가 좋다.
>
> 귤과 유자는 비슷해 보이지만 종은 엄연히 다르다.
>
> -『여씨춘추呂氏春秋』 중에서

중국에서는 추석에 월병과 유자를 먹는다. 나 역시 유자를 즐겨 먹는데, 과거 미국 유학 시절에는 안타깝게도 유자를 구할 수 없어서 자몽을 대신 먹었다. 자몽은 유자보다 신맛이 강하고, 칼로 잘라서 퍼먹기는 쉽지만 껍질을 벗겨 한 조각씩 먹기에는 어려움이 있다.

자몽의 영어 명칭은 'Grapefruit'이다. 왜 '포도grape'라는 단어가

---

1 지금의 중국 후남성 동정호(洞庭湖)와 그 이북 지역을 가리킨다.
2 열대 과일의 일종으로 중국의 자몽이나 포멜로 정도로 생각하면 된다.

포함되어 있을까? 한 가지 설은 자몽에서 포도 맛이 난다는 것이지만, 개인적으로 나는 동의하지 않는다. 또 다른 설은 자몽이 나무에 포도송이처럼 달려 있기 때문이라는 주장인데, 참고할 만한 정도에 불과하다.

며칠 전, 학계에 있는 친구와 자몽과 유자의 차이에 관해 이야기하다가 이들의 유전적 관계에 대해 호기심이 생겼다. 자몽과 유자는 모두 감귤류Citrus에 속한다. 감귤류는 종류가 다양하고 서로 교배가 쉬워 분류와 명칭이 상당히 혼란스럽고 이에 따른 논란도 많은 편이다. 하지만 오늘날에는 유전학 기술의 발달로 유전체 서열 분석을 통해 감귤류 간의 친화도를 객관적이고 세밀하게 측정할 수 있으며, 심지어 언제 분화되었는지도 추론할 수 있다.

염색체 서열 분석 결과, 현존하는 감귤류는 모두 히말라야산맥 동남부 지역에서 기원하여 외부로 퍼져나간 것으로 밝혀졌다. 우리가 일상적으로 먹는 감귤류 대부분은 주로 시트론Citrus medica, 귤 C. reticulata 그리고 포멜로C. maxima, 이 세 가지 야생종에서 유래한 것이다.

이들은 서로 다른 지역에서 진화했는데, 시트론은 인도네시아 북부, 귤은 베트남과 중국 남부, 타이완, 일본에서 진화했으며, 포멜로는 말레이시아 반도에서 번식해 왔다. 이 중 유전자 구성이 가장 순수한 것은 시트론으로 자가 수분을 하며 꽃이 피기 전에 이미 수정이 완료되어 다른 감귤류와의 교배 흔적이 거의 없다.

　현재 재배되는 감귤류는 다양한 육종 과정을 거쳐 탄생했다. 종자 변이 또는 새싹 변이를 통한 단일 계통 품종이 있는가 하면 서로 다른 품종 간의 교배를 통한 교배 품종도 있다. 단일 계통 품종은 유전체 서열 변화가 매우 작고 일반적으로 극소수의 돌연변이만 존재하는 반면, 교배 품종은 대규모의 유전자 재조합을 통해 다양한 변화를 초래하기 쉽다.

　감귤류는 기본적으로 9쌍의 염색체를 가지며, 이 때문에 이종 간 교배가 성공하기 쉬운 편이다. 야생에서도 자연 교배가 이루어지지만, 대부분은 인공적으로 이루어진다. 또한, 이미 교배된 모계 품종과 다시 교배하는 과정이 반복되면서 매우 복잡한 유전체가 형성되기도 한다. 이런 교배로 탄생한 새로운 품종은 학명에 '×' 기호를 삽입하는 경우가 많은데, 이는 자연 발생한 종이 아니라 인위적으로 육성된 재배 품종cultivar임을 나타낸다. 예를 들어, 자몽의 학명이 'Citrus × paradisi'로 표시되는 것이 그 대표적인 예다.

　자몽은 유자와 스위트오렌지(Citrus × sinensis)의 자연 교배종이다. 자몽의 엽록체 DNA 서열을 분석하면 유자와 더 유사한데, 이는 속씨식물의 엽록체가 모계로부터 유전되기 때문에 유자가 자몽의 모체라는 사실을 나타낸다. 또한 자몽의 아버지 격인 스위트오렌지 자체도 유자와 귤의 교배종이다. 스위트오렌지의 엽록체 역시 유자에서 유래했기 때문에 유자는 자몽의 어머니이자 할머니가 되기도 한다. 이렇듯 자몽의 유전자 서열 중 63%가 유자로부터 유래한 것은 그리 놀라운 일이 아니다.

전반적으로 유자는 다른 감귤류보다 크기가 크다(실제 학명 자체가 '큰 감귤'을 의미한다). 유자의 유전자의 비율이 높을수록 교배종의 크기가 크다. 자몽이 다른 유자 교배종보다 큰 이유도 여기에 있다.

유자의 교배종은 또 다른 감귤류와 결합하여 새로운 품종을 만들어 낸다. 예를 들어, 스위트오렌지(자몽의 아버지)와 귤의 교배종으로 탄제린Tangerine(Citrus × tangerina)[3]이 탄생했다. 탄제린의 엽록체 유전체는 유자 계열에 속하므로 스위트오렌지는 탄제린의 어머니가 되고, 유자는 외할머니가 된다. 또한, 레몬(Citrus × limon)은 시트론과 비터오렌지(Citrus × aurantium)의 교배종으로 비터오렌지는 유자와 귤의 교배종이다.

---

3   유전적으로 귤과 포멜로의 교잡종으로 추정된다.

많은 감귤류 품종의 유전체에는 유자 유전자 서열이 있는데, 이는 과거 이들 품종이 유자와 교배되었음을 시사한다. 이는 유자가 감귤류의 자연 및 인공 교배 과정에서 특히 선호되고 성공적인 품종이었기 때문이다. 우리가 먹는 다양한 감귤류 속에는 유자의 유전자가 널리 퍼져 있다고 볼 수 있다.

1. 먹고 마시고 즐기는 과학

02

대포에서 발사된 음식

그저 우리에게 이로운 음식을 만들려고 했을 뿐이다.

이렇게 맛있을 줄은 미처 생각지도 못했다.

— 알렉산더 앤더슨Alexander Anderson, 미국의 식물학자

어린 시절, 거리에서 뻥튀기 아저씨를 자주 볼 수 있었다. 아저씨는 대포처럼 생긴 압력솥의 문을 열기 전에 먼저 큰 소리로 외치곤 했다.

"뻥이요!"

그러고 나면 '펑' 하는 굉음과 함께 잘 튀겨진 뻥튀기가 우르르 쏟아져 나왔다. 지금 생각해 봐도 당시 그 장면은 참으로 재밌고 인상적이었다. 고소하고 바삭한 뻥튀기를 먹는 것이 마냥 좋았을 뿐, 생쌀이 어떻게 뻥튀기로 변하는지에 대해서는 깊이 생각해 보지 않았다.

어른이 된 후에야 그 원리를 알게 되었다. 생쌀을 밀폐된 솥 안

에서 가열하면 내부의 공기가 팽창하고 쌀 속의 수분이 증발하면서 높은 압력(10기압 이상)이 발생한다. 이때 갑자기 솥의 문이 열리면서 내부의 압력이 순간적으로 해제되고, 익은 쌀알이 팽창하면서 폭발하게 된다. 이러한 순간적인 감압이 뻥튀기의 핵심 원리이기 때문에 솥(대포)의 문을 열 때는 반드시 망치나 렌치를 이용해 단번에 압력을 방출해야 한다.

그렇다면 이 기발한 뻥튀기 기술은 누가 처음 생각해 낸 것일까? 중국에는 예부터 '챠오미화炒米花'라는 것이 있는데, 이는 기름을 두른 팬에 쌀을 볶아 익히는 방식으로 대포에서 만드는 뻥튀기와는 다소 차이가 있다. 뻥튀기는 특수한 도구와 기술이 요구되기 때문에 단순한 우연으로 발견했을 가능성은 낮다.

일부 민간 설화에 따르면 대나무 통에 보관된 쌀이 고온과 고압으로 인해 자연스럽게 터지는 것을 본 사람이 이를 응용하여 뻥튀기를 발명했다고 한다. 하지만 과연 대나무 통이 쌀을 터뜨릴 만큼 충분한 압력을 견뎌낼 수 있을까? 여전히 의심스럽다.

서양에서는 뻥튀기와 유사한 원리로 만들어지는 팝콘의 발명에 대한 명확한 기록이 존재한다. 1901년, 38세의 식물학자 알렉산더 앤더슨Alexander Anderson은 미국 뉴욕 식물원에서 녹말 결정체에 관한 연구를 진행하고 있었다. 그는 당시 독일의 식물학자 하인리히 마이어Henrich Mayr가 세운 '녹말 입자의 중심에는 자유로운 작은 물 입자가 존재한다'라는 가설을 검증하고자 했다. 앤더슨은 녹말을 시험관에 밀봉한 후 오븐에서 가열하여 녹말이 노릇하게 변할 때까지 기다렸다. 그런 다음 시험관을 꺼내 철망 속에 넣고 망치로 부쉈다. 그 결과 세 개의 시험관에서는 녹말이 산탄散弾처럼 폭발했지만, 네 번째 시험관에 있는 녹말은 완전히 익어서 다공성 덩어리를 형성했다.

앤더슨은 이를 현미경으로 관찰한 후, 녹말 알갱이가 폭발하면서 팽창한다는 사실을 발견했다. 그는 이 기술을 빵 만드는 데 활용하면 효모나 베이킹 소다 없이도 빵을 부풀릴 수 있을지도 모른다는 기발한 생각을 떠올렸다.

며칠 후, 그는 녹말 대신 쌀을 이용해 같은 실험을 진행했다. 그 결과는 '인생에서 가장 놀라운 일'이라고 표현해도 좋을 만큼 충격적이었다. 애초에 쌀이 산산조각 날 것이라고 예상했는데, 깨진 시험관에서 튀어나와 바닥에 흩어진 쌀은 하나하나가 완전한 형태를 유지하면서 부피는 몇 배나 커진 다공성 입자로 변했다. 입에 넣고 씹어 보니 바삭하면서도 부드러워 정말 맛있었다.

이후 앤더슨은 유리 시험관을 대신할 금속 통을 설계하여 압력을 조절할 수 있도록 했다. 이를 통해 생산량을 늘리는 것은 물론 기계를 반복적으로 사용하는 것도 가능해졌다. 그는 특허를 출원한 후, 식품 회사 퀘이커Quaker와 협력하여 '퍼프드 라이스puffed rice'를 개발했고, 이 제품은 미국 전역에서 아침 식사용 시리얼로 큰 인기를 끌었다. 덕분에 '대포에서 발사된 음식'을 발명한 앤더슨도 유명 인사가 되었다.

쌀 속 녹말의 주성분은 가지가 적은 선형 구조의 아밀로오스amylose와 가지가 많은 아밀로펙틴amylopectin이다. 이들 긴 분자 사슬은 수소 결합을 통해 이중 나선형과 단일 나선형의 입체 구조로 되어 있고 층층이 감싸져 단단한 반결정성 입자를 형성한다. 밀폐된 통 안에서 높은 온도와 압력이 가해지면 쌀 속의 녹말 분자 간의 결합이 끊어지고, 대신 수소 결합을 통해 물 분자와 결합한다. 이후 순간적인 감압(압력 해제)으로 인해 쌀이 팽창하여 부풀어 오르지만, 본래의 형태를 유지하는 것이 특징이다. 이는 단단한 껍질 속에서 옥수수 알갱이가 폭발하여 튀어나오는 '팝콘'과는 또 다른 원리다.

아밀로펙틴 분자는 아밀로오스 분자보다 수천 배나 더 길고 전분 과립에서 높은 함량을 차지하기 때문에 녹말 입자의 구조와 성질을 결정하는 중추적인 역할을 한다. 만약 식물이 아밀로펙틴을 합성하는 데 필요한 녹말 분해 효소가 부족하면 녹말 입자에는 아

045

밀로펙틴이 부족하여 종자의 발육이 변형될 수 있다. 과학자들은
당시 멘델이 연구했던 주름진 완두콩도 바로 아밀라아제가 분해
효소를 암호화하는 과정에서 유전자 변이가 발생한 결과라고 추측
하기도 한다.

과학적 사고로 여는 새로운 세계

03

감자와 볶음쌀국수가 준 깨달음

상상과 발명은 손을 맞잡고 걷는다.

— 알렉산드라 아도르네토 Alexandra Adornetto, 호주의 배우 겸 작가

매일 아침, 나는 주방으로 가서 커피 머신을 예열하는 일로 하루를 시작한다. 아침에 커피를 마시는 이 습관은 벌써 몇십 년째 이어지고 있다. 처음에는 분말형 인스턴트커피를 마셨고, 이후 드립커피, 프렌치 프레스, 에스프레소, 콜드브루를 거쳐 지금은 캡슐 커피를 즐겨 마신다.

인스턴트커피를 제외하면, 이 다양한 커피 추출 방식들은 모두 커피 찌꺼기를 걸러 내는 여과(필터링) 기술을 이용한다. 여과에 쓰이는 필터 재질은 종이, 천, 금속망 등 다양하며, 방식 또한 여러 가지다. 각각의 여과 방식은 독특한 맛과 향을 이끌어 내므로 커피 추출법에 관심이 많은 마니아의 마음을 사로잡고 있다.

여과는 매우 오래되고 보편적인 기술이다. 주방은 물론 공장, 정수 처리장, 위생 설비 등 다양한 곳에서 사용된다. 여과의 기본 원리는 간단하다. 구멍이 있는 매개체를 통해 혼합물 속 큰 입자는 걸러 내고, 작은 입자만 통과시키는 것이다.

어릴 적 '여과성 바이러스filterable virus'에 대해 읽은 적이 있는데, 무척 인상 깊었다. 어떤 필터도 이 작은 존재들을 걸러 낼 수 없다는 사실이 놀라웠기 때문이다. 다행히 지금은 그러한 바이러스까지 걸러 내는 정교한 필터 기술이 개발되었다.

연구원 시절, 또 다른 여과 기술인 '겔 여과 크로마토그래피gel filtration chromatography'를 알게 됐다. 나는 박테리오파지bacteriophage가 세균을 감염시킬 때 생성하는 단백질을 겔 입자가 채워진 칼럼column에 넣어 분리하는 실험을 했다. 지도 교수님은 이 기술을 사용하면 분자 크기가 큰 것이 먼저 나오고, 작은 것이 나중에 나온다고 설명했다. 그 설명을 들은 나는 순간 교수님이 실수한 줄 알았다. 왜냐하면 일반적인 '여과'라는 개념은 보통 큰 입자가 걸러지고 작은 입자가 쉽게 통과하는 것이라고 알고 있었기 때문이다.

알고 보니 겔 여과는 기존의 전통적인 여과 기술과 원리가 크게 달랐다. 기존의 여과 방식에서는 필터나 거름망 같은 매개체를 사용해 작은 분자는 쉽게 통과시키고, 큰 분자는 천천히 흐르거나 걸러지게 한다. 반면, 겔 여과에서는 미세한 망 구조를 가진 겔 입자들이 사용된다. 여과 과정에서 작은 분자는 겔 입자의 망 속으로 들어가 내부에서 부딪히며 움직이기 때문에 쉽게 빠져나오지 못한다. 반대로 큰 분자는 겔 내부로 들어가기 어렵기 때문에 망 바깥을 따라 빠르게 흐른다. 그래서 겔 여과는 분자 크기에 따라 효과적으로 분리할 수 있다.

이 기발한 여과 원리는 도대체 누가 생각해 낸 걸까? 1955년, 영국 런던의 한 가정집 주방에서의 우연한 발견이 시작이었다. 당시 샬럿 퀸 병원Queen Charlotte's Hospital의 연구원이었던 그랜트 라테Grant Lathe는 아내가 감자를 깎다가 손을 베어 피를 흘리는 모습을 목격했다. 피가 감자 전분 위에 떨어지자 혈액 속 다양한 색소들이 서로 다른 속도로 확산되는 현상이 나타났다. 그는 병원 연구실로 돌아가 동료 콜린 루스벤Colin Ruthven과 함께 이 현상을 연구했고, 마침내 겔 여과 기술을 개발하는 데 성공했다.

처음에는 감자 전분을 겔 입자로 사용했지만, 이후 과학자들이 보다 이상적인 세 가지 물질을 개발했다. 바로 덱스트란dextran, 아가로오스agarose 그리고 폴리아크릴아마이드polyacrylamide이다. 이 물질들은 다양한 크기의 망 구조를 가진 겔 입자로 만들 수 있어, 크기가 다른 분자들을 분리하는 데 매우 적합했다. 지금도 대부분의 연구에서 이 세 가지 물질로 만든 겔 입자가 사용되고 있다.

나는 가끔 요리를 하는데, 어느 날 볶음쌀국수를 만들면서 재미있는 사실을 발견했다. 후추, 향신료, 다진 파처럼 작은 재료들은 쌀국수 사이사이에 고르게 섞이지만, 고기나 새우, 버섯처럼 덩어리가 큰 재료들은 잘 섞이지 않고 따로 모여 있다는 점이다. 국수를 접시에 담을 때도 큰 재료들은 따라 올라오지 않고 대부분 팬에 남아 있었고, 식사를 마친 뒤 접시에 남은 것 역시 큰 재료들이었다. 그때 문득 '이거야말로 겔 여과 원리랑 똑같잖아?'라는 생각이 번쩍 들었다.

아내는 내가 요리할 때마다 주방이 연구실 같다고 말한다. 사실 맞는 말이다. 실제로 주방에서 일어나는 많은 일은 과학과 깊은 관련이 있다.

과학적 사고로 여는 새로운 세계

04

푸딩과 궁바오지딩宫保鸡丁

음식의 모든 것은 과학이다.

유일하게 주관적인 부분은 그것을 먹을 때뿐이다.

— 올턴 브라운 주니어Alton Brown Jr., 미국의 TV 요리 프로그램 진행자

생각해 보면, 어릴 때 아버지는 일본식 오븐을 사서 치킨을 직접 구워 주셨다. 아버지는 치킨을 굽기 전에 닭 껍질에 설탕 시럽을 발라 바삭하고 향긋한 껍질을 맛볼 수 있도록 하셨다.

나와 형은 아버지가 만든 치킨 맛에 열광할 수밖에 없었다. 치킨이 다 구워져 오븐에서 막 꺼낸 후 자르기가 무섭게, 우리는 너 나 할 것 없이 손으로 뜯어먹기에 바빴다. 그 짙은 갈색의 뜨겁고 바삭한 치킨 껍질은 지금까지 먹어 본 것 중 단연 최고였다.

나중에 화학을 배우면서 고온(140~165℃)에서는 설탕이 치킨에서 나온 아미노산과 마이야르 반응maillard reaction을 일으켜 수백 가

지의 향기 분자를 만들어 낸다는 사실을 알게 되었다. 이 반응을 일으킬 수 있는 당은 포도당, 과당, 유당, 맥아당 등과 같은 환원당reducing sugar이다. 자당은 알데하이드기aldehyde group[4]나 카보닐기carbonyl group[5]가 없어서 환원당은 아니지만, 열을 가하면 포도당과 과당으로 쉽게 가수분해되어 아미노산과 마이야르 반응을 일으킬 수 있다.

　치킨 껍질의 당 분자는 마이야르 반응을 일으킬 뿐만 아니라, 더 높은 온도(170℃ 이상)로 가열하면 탈수 과정을 거쳐 서로 결합하며 디아세틸diacetyl 같은 크리미한 향기를 내는 수많은 갈색의 고분자polymer와 향기 분자를 만들어 낸다. 이렇게 마이야르 반응과 캐러멜화caramelization라는 두 마리 토끼를 모두 잡았으니, 아버지의 치킨은 맛이 없을 리 없었다!

　아버지는 치킨뿐만 아니라 크렘브륄레도 잘 만드셨다. 먼저 팬에 자당을 넣고 가열해 액화, 농축, 갈변시킨 후 푸딩 틀 바닥에 부

4　알데하이드에 공통적으로 함유되는 작용기로 '－CHO'로 나타내는데, 카보닐기에 수소 원자가 결합한 형태를 하고 있다. 카보닐기의 성질 외에 강한 환원 작용을 나타내며, 산화되어 카복실기가 된다.

5　탄소와 산소의 이중결합을 가진 기(基)를 말하며 케톤이나 그 유도체에 들어 있는 것은 케톤기, 알데하이드 'RCHO'의 경우는 '－C(=O)H'를 하나의 기로 보고 알데하이드(aldehyde)기라고 한다.

어 캐러멜 층이 생성되도록 식혀서 굳힌다. 그다음 달걀과 우유를 잘 섞어서 부은 후 오븐에서 굽는다. 이때 캐러멜은 우유 속 단백질의 아미노산과 만나 마이야르 반응을 일으켜, 푸딩 바닥에는 단순한 캐러멜 맛을 넘어 마이야르 반응으로 인한 깊은 풍미가 더해져서 더욱 고소하고 풍부한 향을 낸다.

푸딩을 만들 때 넣는 달걀물에도 물리학적 원리가 숨어 있다. 아버지는 달걀과 우유의 비율을 맞추는 것을 물론 '사전 준비' 과정에도 각별히 신경을 쓰셨다. 냉장고에서 막 꺼낸 차가운 달걀과 우유를 바로 사용하면 푸딩 속에 거친 기포가 많이 생길 수 있다. 이는 저온의 물에서 공기의 용해도가 높기 때문인데, 차가운 달걀과 우유에는 상대적으로 높은 농도의 기체 분자가 포함되어 있어서 이것이 오븐에서 온도가 올라가면 용해도가 낮아지면서 기체가 빠져나오고 기포가 생성된다. 이는 냉장고에서 꺼낸 찬물을 실온에 두면 기포가 생기거나, 물이 끓기 전에 바닥과 벽면에 기포가 먼저 생기는 원리와 같다. 그래서 아버지는 미리 달걀을 실온에 꺼내 두어 온도를 올리고, 우유는 살짝 데워서 공기를 제거한 후 사용하셨다. 또한 달걀과 우유, 설탕을 섞을 때도 거품이 생기지 않도록 조심스럽게 천천히 저으셨다.

푸딩이 고온의 오븐에서 응고되는 과정 역시 과학적이다. 바로 달걀과 우유의 단백질 구조 변화 때문인데, 일반적인 단백질은 아미노산(펩타이드)이 사슬처럼 이어지며 비공유 결합[6](수소 결합, 이온 결합, 소수성 상호 작용 등)을 통해 단단한 구조로 접혀 있다. 하지만 높은 온도에서는 열에 의해 이 펩타이드 분자가 펼쳐지며 긴 사슬 형태가 된다. 그리고 다시 약한 결합을 통해 서로 연결되면서 입체적인 그물망을 형성하여 수분을 가둔다. 이로 인해 전체적으로 반고체 상태로 굳어진다. 달걀프라이나 스크램블드에그는 물을 따로 넣지 않기 때문에 단단한 겔gel 형태가 되지만, 푸딩은 우유가 들어가 단백질 농도가 희석되므로 훨씬 부드럽고 촉촉한 젤이 된다.

아버지의 영향을 받아 나와 형은 시간이 날 때마다 요리를 하게 되었다. 특히 나는 궁바오지딩 만들기를 좋아했다. 다행히 우리 가족 모두 이 요리를 좋아했다. 이 요리의 특징은 새까맣게 볶은 마른 고추와 부드럽고 쫄깃한 닭고기가 어우러져 입안 가득 강렬한 매운맛과 감칠맛을 선사하는 것이다.

어느 날, 강한 불에 말린 고추를 볶다가 문득 작은 숟가락 하나

6 원자 및 분자가 전자를 공유하는 공유 결합(covalent bond)이 아니라 이와는 다른 방식, 즉 결합력에 의하여 집합체를 형성하는 결합인 수소 결합, 이온 결합 또는 소수성(유성)에 따른 소수 결합 그리고 정전기적 힘이나 반데르발스 힘에 의한 결합 형태 등을 지칭하기도 한다.

정도의 설탕을 넣어 보면 어떨까 하는 생각이 들었다. 설탕을 넣고 캐러멜화시킨 후 닭고기를 넣고 센 불로 볶아 보았다. 그 결과, 캐러멜화와 마이야르 반응이 더해져 맛과 향이 훨씬 깊고 풍부해졌다.

이렇게 완성된 '천가네 궁바오지딩'은 이제 자녀들에게 전수해 주는 작은 비법이 되었다.

05

탄산수, 사람에게는 호好 산호에게는 불호不好

> 우리는 새로운 질문을 많이 던지지 않고서는
> 하나의 문제를 해결할 수 없다.
> ─ 조지프 프리스틀리Joseph Priestley, 영국의 화학자

　나는 탄산수를 좋아한다. 무엇보다 입 안에서 느껴지는 톡 쏘는 쾌감 덕분에 물을 더 자주 많이 마시게 되어 건강에도 좋고 여러모로 만족스럽다. 처음에는 병에 든 탄산수를 사 마셨지만, 탄산수 제조기를 선물 받은 후로는 직접 만들어 마시고 있다. 경제적으로도 절약되고 플라스틱 쓰레기도 줄일 수 있어서 참 좋다.

　탄산수 제조기의 원리는 매우 간단하다. 물통에 담겨 있는 정제된 물에 탄산 가스 실린더에서 분출되는 이산화탄소CO_2를 고압으로 주입하는 것이다. 처음 사용했을 때, 직접 만든 탄산수에서 약간의 신맛이 나는 것을 느꼈다. 아마도 이산화탄소와 물이 결합하여 탄산을 형성했기 때문일 것이다[$CO_2+H_2O \rightarrow H_2CO_3$]. 사람들이 자주 이야기하는 '해양 산성화'도 같은 원리이다.

그런데 이전에 병에 든 탄산수를 마실 때는 왜 신맛을 느끼지 못했을까? 궁금해서 제품의 성분표를 확인해 보니, '천연 광천수, 천연 탄산 가스(이산화탄소의 다른 이름)'라고 적혀 있었다. 천연 광천수에는 미네랄이 풍부해서 산-염기 완충 작용을 한다. 반면, 내가 탄산수를 만들 때 사용하는 물은 역삼투압 방식으로 정제된 물이라 미네랄이 거의 없어서 산도 변화에 대한 완충 작용이 부족하다. 그래서 직접 만든 탄산수가 더 강한 신맛을 냈던 것이다.

이산화탄소는 지구 대기 중 약 0.04%에 불과한 희귀한 기체다. 하지만 이 희귀한 가스를 절대 과소평가해서는 안 된다. 광합성을 통해 지구상의 많은 생물의 주요 탄소원이 되기 때문이다. 식물에 의해 소비된 이산화탄소는 동물의 호흡, 지질 변화, 유기물 발효, 폐기물 부패 및 연소 등을 통해 다시 대기 중으로 돌아간다.

산업혁명 이후, 인류가 석탄과 석유, 천연가스를 대량으로 연소하면서 대기 중 이산화탄소 농도는 지속적으로 증가해 왔다. 이렇게 증가한 이산화탄소는 바닷물에 흡수되는데, 이 과정 역시 탄산수 제조기와 같은 원리로 이루어진다. 다만, 1기압과 25℃의 조건에서 이산화탄소의 용해도는 리터당 1.45g(부피로 환산하면 약

725mL)에 불과하지만, 탄산수 제조기에 사용되는 이산화탄소는 가압 상태로 공기 밸브의 압력도 수 기압에 달한다. 헨리의 법칙 Henry's law(동일한 온도에서 같은 양의 액체에 용해될 수 있는 기체의 양은 기체의 부분압과 정비례한다)에 따라, 압력이 높아질수록 이산화탄소의 용해도도 몇 배로 증가한다.

바닷물에 녹아 있는 이산화탄소는 대기뿐만 아니라 물고기와 다른 해양 동물들의 호흡을 통해서도 공급된다. 햇빛이 닿는 표면에서는 이산화탄소가 식물성 플랑크톤, 조류, 일부 박테리아의 광합성에 사용되어 탄수화물이 만들어진다. 반면 햇빛이 전혀 닿지 않아 광합성이 불가능한 일부 심해에서는 해저 열수 분출구의 초고압, 초고온의 환경에서 이산화탄소와 물이 특수한 반응을 일으켜 작은 유기물을 생성한다. 이 유기물은 열악한 환경에서도 생존하는 심해 생물들에게 중요한 먹이원이 된다.

해양에서 이산화탄소 농도가 과도하게 증가하면 심각한 문제가 발생한다. 일부 소량의 이산화탄소는 물과 결합하여 탄산H_2CO_3을 형성하고, 그중 일부는 다시 수소 이온H^+과 중탄산염HCO_3^-으로 해리된다[$H_2CO_3 \rightarrow H^+ + HCO_3^-$]. 생성된 수소 이온은 해수의 pH 값을 낮출 뿐만 아니라, 해수 속 탄산 이온CO_3^{2-}을 탄산수소 이온으로 전환시킨다[$H^+ + CO_3^{2-} \rightarrow HCO_3^-$]. 탄산 이온은 주로 해저의

석회암과 기타 암석에서 나오며, 산호나 갑각류, 플랑크톤 등 많은 해양 생물들은 이를 이용해 골격이나 껍데기를 형성한다. 그러나 해수의 이산화탄소 농도가 증가하면 탄산 이온의 농도가 줄어들어 생물들의 정상적인 성장과 발달에 심각한 영향을 미치게 된다.

이산화탄소를 이용한 탄산수 제조 기술은 18세기 중반 영국에서 우연히 발견되었다. 최초로 이 기술을 공식적으로 발표한 영국의 화학자 조지프 프리스틀리Joseph Priestley는 후대에 '탄산음료의 아버지'라 불리게 되었다. 프리스틀리는 산소를 포함하되 이산화탄소를 포함하지 않은 9개의 가스를 발견했다.

그가 제안한 탄산수 제조법은 간단했다. 먼저 백악(주성분: 탄산칼슘)에 황산을 떨어뜨려 이산화탄소를 생성한 후, 여기에 물을 섞어 탄산수를 만드는 방식이었다[$CaCO_3 + 2H^+ \rightarrow Ca^{2+} + H_2O + CO_2$]. 당시 영국에서는 산업혁명이 막 시작되었기 때문에 대량의 석탄을 태우며 대기 중의 이산화탄소 농도가 증가했고, 결과적으로 바다에 이산화탄소가 대량으로 흡수되었다. 이렇게 생각하고 보니, 나는 잠시 말문이 막혀 버렸다.

06

핵산이 문제의 원인이다

> 다이어트 식품을 먹을 수 있는 유일한 시간은
>
> 스테이크가 익기를 기다리는 순간이다.
>
> — 줄리아 차일드 Julia Child, 미국의 저명한 셰프 겸 작가

내 친한 친구인 아론 교수는 평소 맛집 탐방을 즐기고, 집에서도 맛있는 요리를 만들어 먹는 미식가이다. 하지만 최근 들어 식습관 조절에 심혈을 기울이고 있다. 바로 통풍 때문이다. 혈액 내 요산 수치가 너무 높아져 관절과 힘줄에 결석이 생기고, 이로 인해 심각한 염증이 생기는데 이 염증은 극심한 통증을 유발한다.

나는 아론에게 통풍을 피하려면 어떻게 해야 하는지 물었다. 그는 퓨린 purine 의 농도가 높은 음식을 피해야 한다고 했다. 요산은 퓨린이 대사되면서 생기는 부산물인데, 체내 요산 수치가 높은 원인은 단순한 대사 과정뿐만 아니라 식습관과도 깊은 관련이 있다. 그렇다면 퓨린이 많이 함유된 음식에는 어떤 것들이 있을까? 아론은

과학적 사고로 여는 새로운 세계

스테이크와 돼지 간, 콩팥 요리, 표고버섯, 캐비어, 맥주 등을 예로 들었다. 이런 음식들은 대부분 미식과 관련된 것들이 아닌가! 그러고 보니 중세 시대에는 통풍이 고위 관리들에게만 발병해서 '국왕병' 또는 '부자병'이라고 불렸다고 했는데, 그 이유가 이제 이해가 된다.

'고퓨린'은 평생 DNA와 RNA를 연구해 온 나에게 큰 흥미로 다가왔다. 왜냐하면 음식에 들어 있는 퓨린의 대부분이 DNA와 RNA의 두 가지 이중고리 염기인 아데닌^{adenine}과 구아닌^{guanine}에서 나오기 때문이다. 이 두 가지 퓨린은 대사 과정을 거쳐 잔틴^{xanthine}과 하이포잔틴^{hypoxanthine}으로 분해된 후, 요산으로 분해되어 최종적으로 소변으로 배출된다.

모든 자연식품은 생물에서 유래하기 때문에 DNA와 RNA, 퓨린을 포함하고 있다. 그렇다면 퓨린의 농도가 높은 음식이란 단순히 세포 수가 많은 음식이 아닐까? 나는 동료들과 의사들에게 물어보았지만 명확한 답변을 얻지 못했다. 학술 논문에서도 어떤 음식이 퓨린의 함량이 높은지, 낮은지만 나열되어 있을 뿐, 그 이유를 제대로 설명하지는 못했다.

계속된 연구 끝에 나는 내 가설이 맞을 것이라고 확신했다. 동물의 간이나 심장, 뇌와 같은 기관은 세포 밀도가 가장 높고 퓨린의 농도도 가장 높다. 반면, 우리가 먹는 달걀은 수정되지 않은 상태라 난자 세포가 1개뿐이기 때문에 퓨린 함량이 거의 없다. 같은 논리로 우유에는 세포가 없기 때문에 퓨린이 존재하지 않지만, 유산균을 첨가해 발효시켜 요구르트나 치즈가 되면 퓨린이 생긴다. 맥주 또한 발효 식품으로 효모에서 나오는 퓨린과 요산을 많이 포함하고 있다(맥주 속 알코올은 요산의 대사와 배출을 방해한다). 낫토는 콩을 고초균bacillus subtilis으로 발효시킨 식품으로 먹을 때 끈적끈적한 균까지 함께 섭취하기 때문에 퓨린 함량이 2배 이상 증가한다.

식물의 세포 밀도는 일반적으로 낮기 때문에 퓨린의 농도도 상대적으로 낮다. 그러나 식물의 생장점에서는 세포 분열이 활발하게 일어나므로 퓨린의 농도가 더 높다. 그래서인지 새싹이나 어린 잎의 퓨린의 농도가 성숙한 부분보다 2~3배 더 높았다. 반면, 과일은 주성분이 탄수화물과 셀룰로오스로 이루어져 있어서 세포 수가 상대적으로 적기 때문에 퓨린의 농도가 높지 않다.

통풍 환자들은 표고버섯 이야기가 나오면 얼굴색이 변한다. 나는 표고버섯도 다른 버섯과 마찬가지로 단순한 균류fungi에 불과하다고 생각했기 때문에 이런 반응이 이상하게 느껴졌다. 직접 조사를 해 보니, 신선한 표고버섯의 퓨린의 농도는 다른 버섯들과 별 차이가 없었다. 하지만 말린 표고버섯은 수분이 빠지면서 퓨린의 농도가 10배 이상 급증했다. 일반 사람들은 이 높은 수치를 보고 겁을 먹을 게 뻔하지만 실제로 요리할 때는 말린 표고버섯을 물에 불려서 사용하기 때문에 퓨린의 농도는 다른 버섯들과 비슷해진다.

유인원 이외의 동물들은 통풍에 걸리는 경우가 드물다. 그들은 대부분의 생물과 마찬가지로 요산 산화 효소uricase를 가지고 있어서 요산을 알란토인allantoin으로 분해한 후 배출할 수 있기 때문에 체내 요산 농도가 높지 않다. 유인원 역시 원래 요산 산화 효소를 만드는 유전자를 가지고 있었지만, 진화 과정에서 몇 차례 돌연변이가 일어나면서 이 유전자는 기능을 잃어버렸다. 그 결과, 요산 산화 효소가 없는 인간의 혈중 요산 농도는 유인원이 아닌 다른 포유류에 비해 50배 이상 높아졌다.

그렇다면 유인원은 왜 이렇게 진화했을까? 하나의 가설은 요산이 강력한 항산화제 역할을 하기 때문이라는 것이다. 요산 농도가 높으면 혈관을 보호하고, 암 발병 가능성을 낮추는 데 도움이 될 수 있다는 주장이다. 또한, 진화 과정에서 요산 산화 효소를 잃어버리면서 또 다른 항산화제인 비타민 C를 생성하는 능력도 상실했기 때문에 식단을 통해서만 섭취할 수 있게 되어 체내 요산 농도를 높이면 비타민 C 부족을 어느 정도 보완할 수 있다.

그러나 이러한 가설은 완전한 동의를 얻지는 못했다. 체내 요산 농도가 높아지면 통풍뿐만 아니라 신장 결석, 고혈압, 당뇨병 등의 발병 위험도 함께 증가하기 때문이다. 이런 상황을 보면 '얻는 게 있으면 잃는 게 있다'라는 표현이 절로 떠오른다.

과학적 사고로 여는 새로운 세계

07

피라냐는 오히려 사람을 두려워한다

좋은 아침입니다, 신사 숙녀 여러분!

커피와 빵이 준비되어 있습니다.

이제 14분 53초 후에 작은 배를 타고 낚시를 하러 갑시다!

— 확성기를 통한 어느 선장의 안내 멘트

2014년, 브라질에서 어류를 연구하는 자오닝 교수의 인솔로 친구들과 함께 선장의 배를 타고 11일간 아마존강으로 탐험을 떠났다. 외부 세계와 완전히 단절된 여행이었기에 휴대 전화와 돈은 무용지물이었다. 우리가 가장 신경 써야 했던 일은 카메라 배터리가 완충되었는지 확인하는 것이었다. 처음에는 적응하기 어려웠지만, 점점 익숙해지면서 강과 열대 우림의 생태에 흠뻑 빠져들어 갔다. 우리는 하늘을 나는 금강앵무와 왜가리, 독수리, 박쥐를 관찰했고, 강에서 서식하는 돌고래와 악어 그리고 피라냐도 볼 수 있었다.

돌고래는 바다에만 사는 줄 알았는데, 아마존강에서도 담수 돌고래를 볼 수 있었다. 악어는 예상한 대로였다. 커다란 악어는 멀리서만 볼 수 있었지만, 작은 악어는 용감한 선원들이 날이 어두워지자 몇 마리를 잡아 왔고 덕분에 아주 가까이서 관찰할 수 있었다. 몸집은 성인 팔 길이 정도였으며, 사람을 물려는 기색은 없었다. 잘 관찰한 후 다시 강으로 돌려보냈다.

무엇보다 우리가 가장 고대하던 것은 피라냐였다. 어렸을 때 007 영화에서 악당이 사람을 피라냐의 먹이로 수조에 던지는 장면을 본 적이 있는데, 물이 순식간에 피로 물드는 장면이 너무 강렬해서 지금까지 피라냐는 무섭고 잔인한 생물이라는 생각이 깊이 자리 잡고 있었다.

어느 날, 모 선장이 피라냐 낚시를 하러 가자고 제안했고 우리는 흥분을 감출 수 없었다. 선장은 대부분의 영화에서 묘사된 피라냐의 잔인함은 과장된 것이라며, 실제로 피라냐가 사람을 공격하는 일은 거의 없다고 설명했다. 오히려 사람들이 피라냐를 먹는 경우가 더 많다며, 우리도 피라냐를 잡으면 훌륭한 요리를 맛볼 수 있을 것이라고 했다. 실제로 우리가 잡은 피라냐는 생각보다 무섭지 않았다. 날카로운 이빨을 제외하면 틸라피아[7]와 생김새도 비슷하고 맛도 비슷하니 꽤 맛있었다. 나중에 현지 시장에 가 보니, 피라냐를 파는 가게가 제법 많았다.

우리는 작은 배를 타고 낚시를 나갔다. 낚싯대 대신 나무 막대기에 낚싯줄을 대충 감아서 사용했고, 낚싯줄 끝에는 납추와 낚싯바늘이 달려 있었다. 미끼는 신선한 고기라면 무엇이든 상관없었다. 피라냐 떼가 있는 곳을 찾기만 하면 쉽게 낚을 수 있었다. 아내가 처음으로 피라냐를 낚았을 때, 피라냐가 낚싯바늘에 걸려 펄떡이자 너무 놀란 나머지 낚싯대를 던져 버렸다. 나는 아내에게 "지금 피라냐보다 당신이 더 무서워. 피라냐도 떨고 있을 거야."라고 농담을 던졌다.

피라냐의 영문명은 'Piranha'이다. 'Pira'는 브라질 투피Tupi 원주민의 고어古语에서 유래한 '물고기'라는 의미의 단어이고, 단어의 뒷부분 어원은 확실하지 않다. 그러니 우리가 '식인어食人鱼'라고 번역하는 것은 너무 과장된 표현이 아닐까 싶다. 실제로 피라냐는 겁이 많아서 담력을 기르기 위해 대부분 무리 지어 다니며 서로를 보호한다고 한다.

이들은 '세라살무스과serrasalmidae'에 속하며, 육식을 선호하지만 식물도 먹기 때문에 잡식성으로 분류된다. 피라냐가 사람을 공격

---

7   중앙아프리카 나일강 유역이 원산지다. 열대성 담수 어류로 키클라과에 속하며, 낮은 용존 산소와 담수에서 해수에 이르기까지 광범위한 염분 농도에도 잘 견디는 등 환경의 변화에 대하여 저항력이 강하며 맛도 좋아 전 세계적으로 광범위한 양식 어종이다. 역돔으로 불리기도 한다.

1. 먹고 마시고 즐기는 과학

한다는 이야기는 대부분 개인의 부주의로 인한 우발적인 사고인 경우가 많으며, 영화 속에서 묘사하는 것처럼 잔인하지는 않다.

하지만 피라냐의 이빨은 정말 무섭긴 하다. 위아래 턱에 줄지어 있는 날카로운 삼각형 이빨들은 마치 톱날처럼 가지런히 정렬되어 있다. 강력한 턱 힘 덕분에 먹잇감의 뼈를 단숨에 물어뜯고 살점을 찢어낼 수 있으며, 뼈까지 통째로 먹어 치울 수 있다.

날카로운 이빨도 장기간 사용하면 마모되기 때문에 일정한 주기로 전부 교체된다. 이때 이빨이 교체되는 방식도 매우 독특한데, 왼쪽과 오른쪽이 번갈아 가며 차례로 교체된다. 기존의 오래된 이빨이 아직 빠지기도 전에 새로운 이빨이 그 아래의 '지하실'에서 미리 자라기 시작한다(CT 스캔을 통해 살펴보면 이 과정을 선명하게 볼 수 있다). 덕분에 피라냐는 이빨이 모두 빠진 적이 없으며, 항상 강력한 이빨을 유지할 수 있다. 인간으로서 이 점은 정말 부럽다.

피라냐의 날카로운 이빨은 원주민들에게 유용한 도구로 활용된다. 머리카락을 자르거나 나무와 창을 다듬는 데 사용되고 여행객을 위한 기념품으로도 사용된다. 나는 우리가 먹고 남긴 피라냐 뼈에서 이빨 몇 개를 골라 타이완으로 가져왔다. 그중 일부를 치과 의사인 친구에게 '자연이 만든 완벽한 치아'라고 극찬하며 선물했다.

피라냐와 같은 어류는 '다환치성polyphyodont'에 속하며 평생 횟수에 관계없이 이빨을 교체할 수 있다. 포유류의 먼 조상도 다환치성이었지만, 오랜 시간 진화 과정을 통해 유치와 영구치만 있는 '일환치성diphyodont'으로 진화했다. 이는 당시 포유류의 수명이 짧았기 때문에 여러 번 이빨을 교체하는 것이 그다지 유익하지 않았기 때문이라고 추정한다.

다만, 장수하는 몇몇 동물들은 여전히 여러 번 이빨을 교체하기도 한다. 예를 들어, 코끼리는 평생 여섯 번까지 이빨을 교체할 수 있다. 그에 비해 인간은 단 한 번밖에 교체하지 못하기 때문에 치과 의사의 도움이 필수가 되었다.

08

대나무 헬리콥터는 베르누이 원리를 모른다

새가 날기 위해서는 정확한 모양의 날개와 압력

그리고 정확한 각도만 있으면 된다.

— 다니엘 베르누이Daniel Bernoulli, 스위스의 물리학자 및 수학자

어릴 때 학교에서 베르누이 법칙을 배울 때, 선생님은 비행기를 예로 들어 설명하셨다. 교과서에 그려진 비행기 날개의 단면(익형)은 위쪽은 곡선, 아래쪽은 직선이었다. 비행기가 앞으로 나아갈 때 날개에 부딪힌 공기는 위와 아래로 나뉜다. 이때 날개 윗면을 흐르는 공기는 불룩한 곡선을 따라 아랫면보다 긴 거리를 지나기 때문에 속도가 빨라지고, 그 결과 기압이 낮아진다. 반대로 아랫면을 흐르는 기류는 속도가 느려지고 기압이 높아지면서 자연스럽게 비행기는 상승하는 힘을 얻는다.

그런데 영화에서 조종사가 비행기로 곡예비행을 하는 장면을 보고 비행기가 거꾸로 뒤집혀서 날아가는 게 어떻게 가능한지 참 의아했다.

'베르누이 법칙은 어디로 간 거지? 적용이 안 되는 경우도 있는 걸까?'

나중에 이러한 곡예비행용 비행기들은 날개가 대칭형으로 설계되어 있어 베르누이 법칙이 적용되지 않는다는 사실을 알게 되었다.

그렇다면, 이런 비행기들은 어떻게 날 수 있을까? 대칭형 날개를 가진 비행기들은 날개의 각도를 조정하여 앙각[8]을 형성하고, 앞에서 오는 기류를 아래로 밀어낸다. 이때 뉴턴의 제3법칙(작용과 반작용의 법칙)에 따라, 기류가 아래로 밀려나면서 반작용으로 날개가 위로 떠오른다. 그래서 이러한 비행기들은 베르누이 법칙이 아닌 뉴턴의 법칙을 따른다. 이런 대칭형 날개를 가진 비행기는 기체가 뒤집혀도 동일한 양력을 받으면서 날기 쉽기 때문에 특히 곡예비행에 적합하다.

어릴 때 가지고 놀던 대나무 헬리콥터도 마찬가지다. 대나무 날개를 위아래로 비대칭으로 깎지 않고, 두 개의 대나무 날개를 서

---

8   낮은 곳에서 높은 곳에 있는 목표물을 올려다볼 때, 시선과 지평선이 이루는 각도.

로 비스듬한 각도로 꺾는다. 양손으로 힘껏 대나무 헬리콥터를 비벼 돌리면, 날개의 기울어진 각도가 공기를 아래로 밀어내면서 반작용의 힘으로 헬리콥터가 위로 떠오른다. 실제 헬리콥터도 대나무 헬리콥터의 원리를 응용한 것이다. 다만, 일부 헬리콥터의 로터 rotor(회전 날개)는 위아래가 비대칭으로 설계되어 베르누이의 이론을 활용하기도 한다. 또한, 헬리콥터에는 틸트 플레이트tilt plate(경사판)가 있어 로터의 각도를 조정할 수 있다. 이 기능을 이용하면 헬리콥터는 어느 쪽이든 방향을 기울여 그 방향으로 이동할 수 있다. 마치 대나무 헬리콥터를 손으로 돌릴 때 기울이는 각도로 날아가는 원리와 비슷하다.

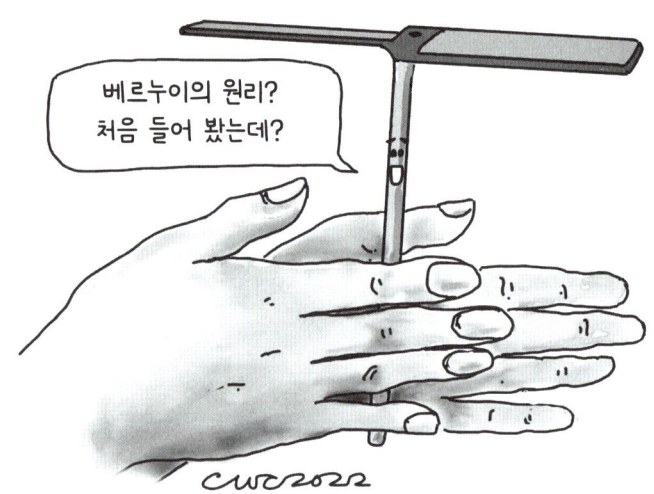

과학적 사고로 여는 새로운 세계

일부 물리 선생님들은 베르누이 이론을 설명할 때 종이를 사용하기도 했다. 양손으로 종이의 한쪽을 잡고 앞으로 평평하게 늘어뜨리면 중력으로 인해 종이 끝이 아래로 처진다. 그때 선생님이 종이 위쪽에서 바람을 불면 아래로 늘어진 부분이 위로 떠오르며 흔들리는데, 이는 빠르게 흐르는 기류가 종이 위쪽에서 저압을 형성하기 때문이다.

그러면 호기심 많은 학생이 이렇게 질문할 것이다.

"그럼 아래쪽에서 바람을 불면 어떻게 되나요?"

실제로 아래에서 바람을 불면 종이가 똑같이 흔들리면서 떠오른다.

이게 어떻게 된 일일까? 베르누이 원리가 작용하지 않은 것일까? 그렇지 않다. 이 현상은 뉴턴의 법칙으로 설명할 수 있다. 종이 아래에서 공기를 불어 넣으면 공기가 종이를 아래로 밀고 지나가면서 그 반작용으로 종이가 위로 떠오른다. 결국 뉴턴의 법칙이 베르누이 이론보다 더 강하게 작용했다고 볼 수 있다.

과거에 연구를 위해 미국 캘리포니아 샌디에이고에 잠시 머물렀던 적이 있는데, 아름다운 해변과 호수 곳곳에서 요트를 쉽게 볼 수 있었다. 연구실 동료 두 명과 함께 작은 돛단배를 중고로 구매해서 함께 타고 놀았다. 나는 조종법을 배우기 위해 지역 커뮤니티

기관에서 수업을 들었다. 돛단배가 직접 바람을 타고 항해할 수 있을 뿐만 아니라, 방향키를 조정하여 돛과 바람의 방향이 적절한 각도를 이루면 바람을 거슬러 대각선으로 항해할 수 있다는 것을 알게 됐다. 강사는 이것이 바로 베르누이의 원리 때문이라고 설명했다. 바람을 가득 실은 돛은 수직으로 세워진 비행기 날개와 같아서 마주 오는 바람이 곡선의 돛 표면 위로 미끄러지면서 앞으로 끌어당기는 힘이 생기는 것이다.

그럴듯한 이야기였다. 그리고 많은 사람이 이에 동의하지만 내가 읽은 몇몇 항해 관련 서적과 물리학책에서는 베르누이 이론을 전혀 언급하지 않았다. 대신, 돛에 작용하는 바람의 힘과 그로 인해 발생하는 앞으로 나아가게 하는 힘^{vector}(크기와 방향을 갖는 물리량)에 초점을 맞추고 있었다.

요트를 조종하는 이론과 실제는 결코 단순하지 않다. 언젠가 손자들(현대의 아이들)에게 대나무 헬리콥터를 만드는 법을 가르쳐 주고 싶다.

과학적 사고로 여는 새로운 세계

09

당구에서 지구까지

이 세상을 탐구하다 보면, 깊이 파고들수록
거의 모든 것이 흥미롭다는 사실을 알게 된다.
— 리처드 파인먼Richard Feynman, 미국의 물리학자

어린 시절, 나는 타오위안桃園(타이완의 도시)에 살았다. 아버지는 당구를 좋아하셔서 집에 캐롬Carom 당구대를 설치해 두셨다. 캐롬 당구는 포켓이 없는 당구대에서 큐볼(수구)로 오브젝트볼(목적구)을 맞히는 경기로, 아버지의 가르침 덕분에 나는 어릴 때부터 캐롬 당구의 기술과 규칙에 대해 많은 것을 익힐 수 있었다. 그 후, 중학교는 타이베이台北에서 다니게 되었고, 그때부터 같은 반 친구들과 함께 포켓에 공을 넣는 스누커snooker 당구를 치기 시작했다.

캐롬과 스누커는 규칙과 초점이 다르다. 캐롬은 큐볼이 오브젝트볼을 맞힌 후의 움직임에 중점을 두고, 스누커는 오브젝트볼이 큐볼에 맞은 후의 이동 경로에 중점을 둔다. 하지만 고수라면 이

두 가지를 모두 고려할 줄 알아야 하므로 결국 궁극적인 목표는 동일하다. 나는 캐롬 당구의 기본기가 있었기에 스누커에서도 친구들보다 훨씬 잘 칠 수 있었다.

고등학교에 들어가면서 기하학과 물리학에 큰 흥미를 느꼈다. 당구야말로 기하학과 물리학의 게임이 아닌가? 당구공이 당구대 가장자리(쿠션)를 맞고 튕겨 나오는 방향이 바로 입사각과 반사각이 같다는 원리 아닌가? 당구대 쿠션에 새겨진 눈금은 공의 반사 경로를 예측하는 데 유용한 좌표 역할을 한다. 큐대로 큐볼의 서로 다른 위치(하단)를 쳐서 공을 회전시키고 경로와 각도를 바꾸는 것도 간단한 물리학 원리이다.

이후 '뉴턴의 요람Newton's Cradle(뉴턴의 진자)'을 접했을 때 큰 인상을 받았다. 같은 질량인 다섯 개의 쇠공을 한 줄로 나란히 매달아 놓고, 가장 바깥쪽 쇠공을 당겼다가 놓으면서 다른 쇠공에 부딪히게 하면 반대편의 쇠공 하나가 튕겨 나가고, 나머지 공들(충돌한 쇠공 포함)은 움직이지 않는다. 만약 두 개를 당겼다가 놓아서 충돌시키면 반대쪽에서도 두 개가 튕겨 나가고, 세 개를 충돌시키면 세 개가 튕겨 나간다. 이는 물리학에서 운동량과 에너지 보존 법칙을 보여 준다.

그런데 나는 뉴턴의 요람을 보고 한 가지 의문이 들었다. 당구에서 큐볼과 오브젝트볼의 크기와 무게가 같은데, 왜 큐볼이 오브젝트볼을 정면으로 쳤을 때 뉴턴의 요람처럼 멈추지 않고 계속 굴러가는 것일까? 운동량과 에너지 보존 법칙이 적용되지 않는 이유는 무엇일까?

이 의문을 해결하는 데 오랜 시간이 걸렸다. 뉴턴의 요람에서 쇠공은 공중에 매달려 있지만, 당구대 위의 공은 테이블 바닥과 마찰을 일으키며 회전하면서 앞으로 굴러간다. 큐볼이 앞으로 움직일 때 운동량과 에너지만큼 중요한 '관성 모멘트moment of inertia'도 존재한다. 큐볼이 오브젝트볼에 정면으로 부딪히면 이동 운동량과 에너지는 오브젝트볼로 전달되어 튕겨 나가지만, 관성 모멘트는 거의 전달되지 않는다. 이는 두 공의 접촉면이 매끄럽고 마찰이 거의 없기 때문이다. 이렇게 유지된 큐볼의 관성 모멘트는 일정하게 유지되어, 큐볼은 계속 앞으로 움직이게 된다.

당구 경험이 있는 사람이라면 '스톱 샷stop shot'이라는 기술을 들어본 적이 있을 것이다. 이는 큐볼이 오브젝트볼을 맞힌 후 그대로 멈추게 하는 기술이다. 이를 위해 큐대로 큐볼의 하단을 쳐서 후진 회전을 유도하고 미끄러지도록 한다. 큐볼이 굴러가면서 마찰에 의해 후진 회전이 점차 줄어들면, 충돌 후 큐볼은 제자리에서 멈추게 된다. 만약 더 강한 후진 회전을 주면, 큐볼은 충돌 후에도 회전이 남아 뒤로 되돌아가는 '드로 샷draw shot'이 된다.

초등학교에 다닐 때 부모님께서 롤러스케이트를 사 주셔서 옆집 친구에게 기본 동작과 후진, 회전 기술을 배웠다. 두 발로 회전하는 기술도 간신히 익혔는데, 피겨 스케이팅 선수나 발레리나들이 한 발로 빠르게 회전하는 것을 보면 정말 경탄을 금치 못했다. 특히 빠른 회전 속도가 도무지 믿기지 않았다. 그들은 먼저 두 팔과 한 쪽 다리를 펼친 뒤, 손과 발을 몸 가까이 모으면서 회전을 하는데 그 속도가 점점 더 빨라지는 모습이 정말 신기했다.

당시에는 단순히 그들의 능력이 대단하다고만 생각했는데 나중에야 이것이 바로 관성 모멘트와 관련된 원리라는 것을 깨달았다. 물체의 회전 속도는 관성 모멘트에 반비례한다. 회전하는 동안 팔과 다리를 펼치면 질량이 중심에서 멀어져 관성 모멘트가 커지고, 속도는 느려진다. 반대로 팔과 다리를 몸 가까이 접으면 질량이 중심에 가까워져 관성 모멘트가 작아지고, 속도는 빨라진다.

이 원리를 이해하고 나면 이전에 보도된 뉴스도 쉽게 이해할 수 있다. 세계 최대의 댐인 중국의 싼샤댐에 물이 가득 차면 수위는 175m에 달하며, 총 수량이 393억 톤을 초과한다. 미 항공 우주국NASA의 계산에 따르면, 이 엄청난 양의 물이 지구의 회전 관성을 증가시켜 매일 지구의 자전 속도를 6×10^{-8}초(약 0.06마이크로초) 만큼 늦출

것이라고 계산했다. 정작 우리는 전혀 체감할 수 없지만, 인류가 지구의 회전에 영향을 줄 수 있다는 사실은 실로 놀랍다.

이러한 흥미로운 현상 뒤에 숨겨진 원리를 탐구하는 것은 단순한 호기심을 충족시키는 것이 아니다. 다양한 분야를 탐색하고 이해하는 과정에서 얻는 즐거움은 끝이 없다. 그리고 이를 같은 관심을 가진 여러분과 공유할 수 있다면, 그 또한 참으로 큰 기쁨이다.

10
알맞은 크기

서로 다른 동물들 사이에서
가장 뚜렷하게 나타나는 차이는 크기이지만,
이상하게도 동물학자들은 이 점에 특별히 주목하지 않는다.
— J. B. S. 홀데인J. B. S. Haldane, 영국의 유전 및 진화학자

항성은 거대한 성간 분자 구름molecular cloud이 중력에 의해 붕괴하면서 생성된다. 이 과정에서 수소 핵융합 반응이 일어나게 된다. 항성의 크기는 매우 다양하고 그 크기에 따라 별의 진화 운명이 결정된다. 시간이 지남에 따라 항성의 수소 연료가 고갈되면 태양과 같은 작은 항성은 열에너지가 헬륨 핵융합을 지속할 만큼 충분하지 않게 되고, 위치 에너지가 고갈되면 적색 거성으로 변하게 된다.

적색 거성 단계가 끝난 후, 태양의 중심에는 백색 왜성이라는 작은 별의 잔해가 남게 되는데, 이론상 이것이 빛을 발산하지 않는 온도까지 냉각되면 죽은 듯이 고요한 상태인 흑색 왜성으로 변하

게 된다. 더 큰 항성은 고밀도의 중성자별Neutron Star이 되거나 초신성 폭발을 일으키기도 한다. 이보다 더 큰 항성은 중력 붕괴가 계속되면서 빛조차 새어 나올 수 없는 상태인 블랙홀이 된다. 이처럼 같은 물질로 이루어졌다고 해도 큰 물체가 단순히 작은 물체를 확대해 놓은 것은 아니다. 크기 차이에 따라 그 성질과 운명이 어떻게 결정하는지를 보여 준다.

지구상의 생물도 마찬가지다. 그들의 크기도 그저 우연히 결정되는 것이 아니라, 진화와 밀접한 관련이 있다. 현존하는 지구의 육지 생물 중 가장 큰 생물은 아프리카코끼리다. SF 영화에서 코끼리보다 열 배 이상 큰 거대 포유류(킹콩), 파충류(고질라), 곤충(모스라)들이 지구를 활보하는 장면을 볼 때마다, 유전학자이자 진화학자인 홀데인이 1926년에 발표한 논문 「알맞은 크기에 관하여On Being the Right Size」가 떠오른다.

이 논문에서 홀데인은 거대한 동물의 몸이 직면하는 구조적 한계를 설명하는데, 단순한 수학적 계산을 통해 다음과 같이 설명한다. 만약 동물의 형태가 변하지 않은 채 길이가 2배가 된다면, 체중은 8(2^3)배 증가하지만, 근육의 단면적은 4(2^2)배만 증가한다. 따라서 동물의 근육의 단면적은 2배의 압력을 감당해야 한다는 뜻이다. 2017년에 개봉한 영화 〈콩: 스컬 아일랜드〉에 등장하는 킹콩

081

의 키는 내 키의 약 17배다. 그렇다면 체중은 4913(17^3)배가 되지만, 근육의 단면적은 289(17^2)배만 증가하기 때문에 그 근육이 감당해야 할 압력이 나보다 17배나 커진다. 즉, 킹콩은 자신의 체중에 짓눌려 납작해지고 말 텐데, 어떻게 달릴 수 있는지 참 신기한 일이다.

이것이 바로 길이가 몇 cm에 불과한 거품벌레가 약 70cm(자기 키의 100배) 높이까지 뛸 수 있는 반면, 인간은 자기 키의 1.5배조차도 뛸 수 없는 이유이다. 코끼리는 점프는커녕 달릴 때조차 네 발이 동시에 땅에서 떨어지지 않는다.

과학적 사고로 여는 새로운 세계

근육의 단면적뿐만 아니라 신체의 표면적도 부피에 비례하여 증가하거나 감소하지 않는다. 구^{球}의 표면적과 부피의 비율(비표면적)은 반지름에 반비례한다. 즉, 구의 부피가 1배 증가할 때마다 비표면적은 1배 감소한다. 이는 호흡이 필요한 동물들에게 굉장히 중요한 문제다. 작은 곤충은 비표면적이 크고 산소가 확산 작용과 단순한 기관을 통해 직접 체내 각지로 스며들 수 있다. 그러나 큰 동물은 이 방식이 불가능해 반드시 폐와 순환계 같은 특수한 기관을 발달시켜 혈액을 통해 산소를 몸 전체로 운반해야 한다. 반대로 작은 동물의 경우 비표면적이 커서 열과 수분 손실이 빠르게 일어난다. 그래서 쥐가 끊임없이 먹고, 하루에 체중의 15%에 해당하는 음식과 물을 섭취해야 하는 것이다.

나는 간단한 실험을 해 봤다. 샤워 후 체중을 재보니 0.2kg이 증가했다. 내 키와 체형을 고려하면 피부 표면적이 약 2m²정도 되며, 이는 피부에 묻은 수분층의 두께가 평균 약 0.1cm라는 뜻이다. 그런데 이와 같은 일이 몸길이 0.2cm의 작은 곤충에게 일어난다면 어떨까? 곤충의 몸에도 0.1cm 두께의 물이 묻을 것이고, 이는 곤충 체중의 7배에 해당한다. 곤충은 이 '물방울'의 표면 장력에서 벗어날 수 없으며, 결국 익사하고 말 것이다. 따라서 작은 곤충이 물을 마시는 것은 생명을 위협하는 행동이며, 일부 작은 곤충들은 이러한 위험을 피하기 위해 길고 가느다란 주둥이를 갖고 있다.

　이러한 예시는 생물체의 크기 차이가 단순한 '양적 변화'가 아니라 '질적 변화'까지 초래한다는 사실을 잘 보여 준다. 항성의 진화는 자연의 섭리가 아니라 필연적인 운명에 의해 결정된다. 하지만 생물의 진화는 자연의 섭리에 의해 이루어지며, 현존하는 모든 생물은 자신의 크기에 맞게 구조와 생리적 특성을 발달시켰다. 즉, 생물들은 '적절한 크기'로 진화한 것이다. 만약 킹콩이 실제로 지구에 존재했다면 이미 오래전에 멸종했을 것이다.

　물리학과 수학은 현대 과학의 기초이다. 이를 개별적으로 고립시키지 말고 생물학의 영역에서도 적극적으로 활용해야 한다.

11

말발굽 아래의 통계

푸아송 분포Poisson distribution는 내가 분자 생물학 연구를 하면서 실험 데이터를 처리할 때 가장 자주 사용하고, 또 가장 선호하는 통계 도구다. 이는 이항 분포binomial distribution가 드문 사건rare event을 다룰 때의 특수한 경우로, 표본의 수가 무한히 커지고 사건 발생 확률이 무한히 작아지는 상황에서 사용된다. 이 경우, 이항 분포는 푸아송 분포로 단순화되며, 공식은 다음과 같다.

$$P_n = m^n \times e^{-m}/n! \, (e는 자연 상수)$$

사건 발생의 평균값(기댓값)이 m회일 때, 정확히 n번 발생할 확률(P_n)은 위의 공식으로 계산할 수 있다. 표본이 많고 사건 발생 확률이 작은 경우, 푸아송 분포를 사용하면 비록 근삿값이지만 계산이 훨씬 간편해진다. 푸아송 분포는 m과 n이라는 두 개의 변수만을 포함하기 때문에 세 개의 변수를 필요로 하는 이항 분포보다 훨씬 단순하다.

푸아송 분포는 1837년 프랑스 수학자 시메옹 푸아송 Siméon Poisson 이 저서『형사 및 민사 판결에서의 확률과 확률 계산의 일반 규칙』에서 처음 제안했지만, 이후 오랫동안 주목받지 못했다. 그러다가 1898년 러시아 통계학자 라디슬라우스 보르트키에비치 Ladislaus Bortkiewicz가 이 개념을 본격적으로 연구하고 실제 데이터에 적용하면서 다시 주목받기 시작했다. 보르트키에비치는 20년 동안 프로이센 군대 14개 연대에서 말에 치여 사망한 병사들의 연간 사망률을 푸아송 분포로 분석했다. 각 연대의 연간 평균 사망 발생 횟수를 0.7회(m)로 계산하고, 이를 푸아송 분포 공식에 대입하여 매년 0번, 1번, 2번(n) 이상 발생할 확률을 계산했다. 그 결과, 실제 사망 통계와 정확히 일치했다.

분자 생물학이 한창 발전하던 1943년, 샐버도어 루리아 Salvador Luria 와 막스 델브뤼크 Max Delbrück 는 세균도 동식물처럼 유전자를 가지고 있으며 돌연변이를 일으킨다는 사실을 입증하는 중요한 논문을 발표했다. 그들은 시험관에 세균을 배양한 후, 박테리오파지[9]로 감염시켰다.

그 결과, 각 시험관에서 나타난 파지 저항성 균주의 개수는 크게 달랐다. 어떤 시험관에서는 전혀 나타나지 않았지만, 어떤 시험관에서는 수백 개 이상의 저항성 균주가 발견되었다. 이는 세균이 시험관 내에서 증식하는 과정에서 이미 돌연변이가 발생했음을 보여 준다. 돌연변이가 일찍 발생한 경우, 그 돌연변이 균주가 증식하여 수백 개로 늘어났고, 늦게 발생한 경우에는 단 몇 개만 존재했으며, 돌연변이가 일어나지 않은 경우에는 0개였다. 이는 저항성이 세균이 박테리오파지와 접촉한 후에 발생한 것이 아니라, 이미 존재하던 돌연변이에서 비롯되었음을 보여 주었다. 만약 저항성이 감염 후에 생긴 것이라면 각 시험관에서 발견된 저항성 균주의 개수가 비슷했을 것이다.

논문을 쓰는 과정에서 델브뤼크는 돌연변이가 발생하지 않은 시험관이 푸아송 분포에서 $n = 0$인 경우와 동일하다는 점을 깨달았다. 푸아송 분포에서 $n = 0$일 때, $P_0 = (m^0 \times e^{-m})/0! = e^{-m}$과 같이 계산된다. 실험에서 87개의 시험관 중 29개에서 저항성 균주

9 박테리아를 숙주 세포로 하는 바이러스를 통칭하며, 여기서 박테리아란 세균과 고균을 통칭한다. 간단하게 파지(phage)라고 하기도 한다.

가 나타나지 않았기 때문에 $P_0 = 0.33$이 된다. 이를 이용해 평균 돌연변이 발생 횟수를 계산해 보면 $m = -\ln(0.33) = 1.1$, 즉 각 시험관에서 평균적으로 1.1번의 돌연변이가 발생했다는 결론을 얻을 수 있다. 델브뤼크는 이어서 시험관 내 세균의 총증식 수를 기반으로 저항성 돌연변이의 속도까지 계산했다. 이 일화는 물리학자인 델브뤼크가 깊은 수학적 소양과 통찰력을 바탕으로 실험 데이터를 분석하여, 의사 출신인 루리아가 간과한 통계적 규칙을 발견했다는 점에서 주목할 만하다.

이 연구 이후 푸아송 분포는 분자 생물학 논문에서 자주 등장하는 필수 개념이 되었다. 분자 생물학에서는 매우 큰 집단에서 발생 확률이 지극히 낮은 사건을 분석할 때 푸아송 분포를 자주 사용하는데, 유전자 돌연변이와 재조합, 바이러스 감염, 뉴런neuron의 활성화, 방사성 붕괴 등과 같은 현상들은 모두 푸아송 분포를 통해 분석할 수 있다.

푸아송 분포의 가장 독특한 특징은 평균과 분산variance이 같다는 점이다. 따라서 표준 편차standard deviation는 평균의 제곱근이 된다. 박사 과정 때 섬광 계수기scintillation counter를 이용해 방사성 DNA 샘플의 방사선 붕괴를 측정하며, 1분 동안 4회의 붕괴를 관찰했다. 푸아송 분포에 따르면, 표준 편차는 2건이므로 변동 계수coefficient of variation는 50%나 되었다. 교수님은 내게 100분 동안 측정해 보라고 하셨는데, 그 결과 412건이 검출되었다. 이를 푸아송 분포에 적용했더니 표준 편차는 약 20.3건, 변동 계수는 5% 이하로 줄어들었다. 이때가 내가 처음 푸아송 분포를 활용한 순간이었다.

푸아송 분포는 단순한 교과서 속 개념이 아니다. 우리 주변에서도 쉽게 찾아볼 수 있다. 예를 들어, 매월 복권에 당첨되는 횟수, 특정 웹사이트의 시간당 방문자 수를 분석할 때도 사용된다. 이러한 사례들을 직접 분석해 보면 아마도 '0.37'이라는 숫자와 친해지게

$$P_n = \frac{m^n \cdot e^{-m}}{n!}$$

충성! 당월 말 기준, 말에 치여 사망한 인원은 없습니다.

12

공중에 매달린 물

아인슈타인의 중력 이론이 뉴턴의 이론을 대체했지만,
그때 사과가 공중에 매달려 결과를 기다린 것은 아니었다.

— 스티븐 제이 굴드 Stephen Jay Gould, 미국의 진화학자

박사 과정 시절, 나는 원심 분리기를 이용해 서로 다른 크기의 DNA 분자를 분리하는 실험을 진행해 본 적이 있다. 원심 분리 후, 크기가 큰 DNA 분자는 시험관 아래쪽으로 가라앉고, 작은 분자는 위쪽에 머물렀다. 나는 시험관 아래쪽에 작은 구멍을 뚫어, DNA 분자들을 크기순으로 흘러나오게 했다. 이 샘플들을 같은 부피로 정확하게 수집하기 위해 지도 교수님은 유리 사이펀 siphon 을 주셨다. 'ㄷ'자 모양의 이 관은 한쪽 다리가 짧고 다른 쪽이 긴 구조로 되어 있다. 짧은 다리는 샘플이 담긴 컵에 연결되어 있다(그림 참조). 시험관에서 샘플이 컵으로 떨어지면, 액체는 먼저 짧은 다리를 통해 들어와 긴 다리를 타고 아래로 흘러간다. 긴 다리에 액체가 가득 차면

사이펀의 원리가 작동해 모든 액체가 긴 다리를 따라 아래로 흐르게 되고, 아래에 둔 다른 시험관이 이를 받는다. 이 과정을 반복하면 샘플은 동일한 부피로 각각의 시험관에 균등하게 나누어진다.

나중에 나는 이 정교한 설계가 이미 수백 년 전 유럽의 '피타고라스 컵'과 중국의 '구룡배九龙杯'에도 사용되었다는 사실을 알게 되었다. 이 컵들은 적당히만 채우면 일반 컵과 다를 바가 없지만 일정 수준 이상으로 가득 채우면 사이펀 현상으로 인해 액체가 바닥 구멍으로 모두 빠져나가 버린다. 그래서 구룡배를 '탐욕을 절제하는 컵'이라고도 부른다. 또한, 현대식 변기에서도 동일한 원리가 적용된다.

초등학교 과학 시간에 사이펀 현상siphon effect을 배웠다. 사이펀 현상은 높은 곳에 있는 액체가 'ㄇ'자 모양의 관을 통해 짧은 다리에서 위로 올라간 뒤 긴 다리를 따라 낮은 쪽으로 흘러내리는 현상이다. 여기서 신기한 점은 액체가 중력을 거슬러 짧은 다리에서 '위'로 이동한다는 점이었다. 교과서에서는 대기압이 밀어 올리기 때문이라고 설명하고 있다. 최근 이 문제에 대해 다시 생각하게 되면서 주변 친구들에게 물어봤더니 그들 대부분이 '대기압' 때문이라고 대답했다.

그런데 곰곰이 생각해 보니 뭔가 이상했다. 사이펀의 짧은 다리

입구와 긴 다리 출구는 모두 대기압의 영향을 받는데, 굳이 차이가 있다면 긴 다리 쪽이 위치가 더 낮기 때문에 대기압이 조금 더 클 가능성이 있다. 나는 이에 대해 조사하기 시작했고, 이 문제를 둘러싼 논쟁이 100년 넘게 지속되어 왔으며 아직도 끝나지 않았다는 사실을 알게 되었다.

가장 화제가 된 것은 2010년 호주 퀸즐랜드대학교의 수학·물리학 교수인 스티븐 휴즈Stephen Hughes가 《Physics Education》 저널에 발표한 논문이었다. 당시 호주에서는 보니 호수Lake Bonney의 수위를 높이기 위해 거대한 사이펀을 이용해 워싱턴주의 체임버스 크리크 Chambers Creek 하천에서 물을 끌어오는 프로젝트를 진행했다. 내경 20cm의 대형 사이펀 18개를 설치하여 50일 동안 무려 10억 리터의 물을 끌어들였다. 참고로 내가 실험에 사용하는 사이펀은 매번 1mL도 안 되는 액체를 이동시킨다.

이 거대한 사이펀 시스템을 분석하는 과정에서 흥미를 느낀 휴즈는 기존의 사이펀 이론에 의문을 품었다. 그래서 그는 세계적으로 권위 있는 『옥스퍼드 영어 사전』을 찾아보았고, 거기에는 '사이펀 효과는 대기압에 의해 발생한다'라고 적혀 있었다. 휴즈는 이 사전의 정의가 틀렸고, 1911년부터 99년 동안 잘못 기재되어 왔다고 주장했다. 그는 사이펀이 진공 상태에서도 작동할 수 있기 때문에 대기압의 요인이 제거될 수 있으며, 중력이야말로 사이펀을 작동시키는 주요 원인이라고 밝혔다. 사이펀 현상은 긴 다리 쪽 관에 있는 액체의 중력이 짧은 쪽 관에 있는 액체의 중력보다 크기 때문에 사이펀 상단에 음압negative pressure이 발생하고, 이로 인해 짧은 다리 쪽의 액체가 위쪽으로 이동한다고 설명했다. 이 과정에서 액체의 '응집력cohesion'에 의존하여 사이펀 내부의 액체가 하나의 사슬처럼 서로 당기고 움직일 수 있다고 덧붙였다.

그러나 이 주장의 논란도 여기서 끝나지 않았다. 이후에도 사이펀 내부의 액체가 흐르는 중간에 작은 기포가 있어도 사이펀은 여전히 작동했고, 사이펀 내부의 액체 일부가 분리되어 분수fountain처럼 분출하는 형태로 흐를 때도 작동했다. 또한, 사이펀을 이용해 공기보다 밀도가 1.5배 높은 이산화탄소 같은 기체도 이동시킬 수 있다는 사실이 밝혀졌다. 이러한 현상들은 액체의 응집력cohesion 이론에 문제가 있다는 사실을 보여 주는데, 사이펀 현상에 필수적인 요소가 아닐 가능성을 시사한다.

특정 상황에서는 대기압과 액체의 응집력이 없어도 사이펀 작용이 가능하지만, 중력만큼은 꼭 필요하다는 것이 분명해졌다. 무중력 상태에서 사이펀이 작동할 수 있다는 것은 상상하기 어렵다. 나는 이쯤이면 결론이 날 줄 알았지만, 이후 우주 비행사들이 사이펀

1. 먹고 마시고 즐기는 과학

관의 입구와 출구가 닿는 용기의 곡률 차이를 이용해 모세관 현상을 유도해 내 무중력 상태에서도 사이펀 작용을 가능하게 한 실험 사례를 보고 깜짝 놀랐다.

논쟁이 계속될수록 점점 더 복잡해졌고, 생각할수록 머리가 아팠다. 만약 시험 문제로 사이펀 원리가 출제된다면, 아마 학생들도 마치 공중에 매달린 것처럼 난감한 상황에 처하지 않을까?

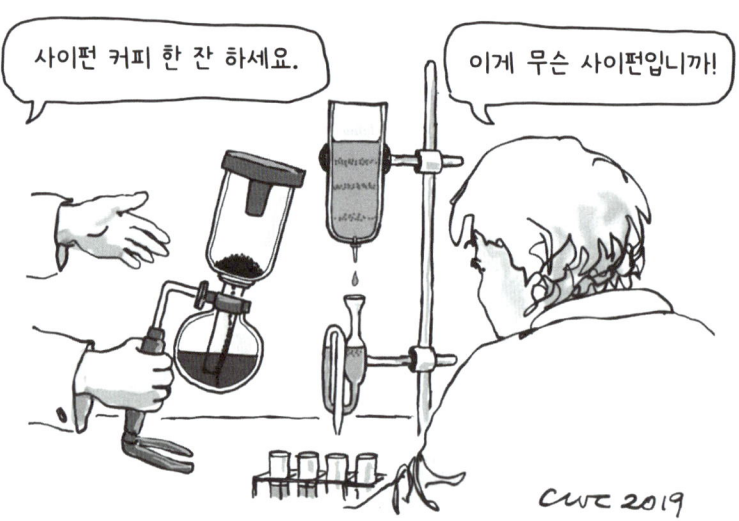

과학적 사고로 여는 새로운 세계

2

과학자의
이성과 감성

과학 연구는

엄격하고 체계적인 법칙과

논리적인 규범에 기반하며,

자의적으로 해석되는 공간은 없다.

그러나 예술에 있어서는

법칙과 논리가 그리 중요하지 않다.

옳고 그름의 기준도 없기 때문에

우리는 원하는 대로

다양한 기법이나 스타일, 콘텐츠 등을

자유롭게 창조할 수 있다.

13

과학의 길에는 반드시 좌절이 따른다

아마도 제 교배 실험을

완전히 포기해야 한다고 발표해야 할 것 같습니다.

그 이유는 제 부주의 때문입니다.

- 멘델이 카를 네겔리Karl Wilhelm von Nageli에게 보낸 편지 중에서

1865년, 멘델Gregor Johann Mendel은 브루노 자연과학회에서 8년 동안 수행한 완두콩 교배 연구를 발표했고, 이 연구는 이듬해 그의 논문으로 출간되었다. 자신의 이론이 널리 알려지기를 바랐던 그는 논문 40부를 인쇄하여 당시 유럽의 저명한 생물학자들에게 보냈다. 그중에는 식물학 권위자인 카를 폰 네겔리도 포함되어 있었다. 멘델이 네겔리에게 보낸 편지에는 다음과 같이 적혀 있었다.

"제가 얻은 결과가 현대의 과학적 지식에 쉽게 수용되지 않는다는 것을 알고 있습니다. 이러한 상황에서 이 독립적인 실험을 발표한다는 것은 훨씬 위험한 일이죠. 실험자에게도, 그것을 대표하는

입장에서도 위험이 따릅니다. 그래서 저는 완두콩에서 얻은 결과를 다른 식물들을 통해 검증하고자 최선을 다했습니다."

그는 네겔리에게 큰뱀무, 엉겅퀴, 조밥나물[10] 등 세 가지 식물로 새로운 실험을 진행했다고 했다. 이 식물들은 완두콩과는 매우 다르며, 당시 다른 식물학자들이 관심을 갖고 연구하던 대상이기도 했다. 독일의 식물학자 카를 폰 게르트너Karl von Gärtner는 1838년에 이미 큰뱀무에 대한 연구 결과를 발표했지만, 멘델은 그 결과를 재현하는 데 실패했다. 엉겅퀴와 조밥나물은 둘 다 국화과 식물로, 작은 꽃들이 모여서 형성된 '두상화capitulum' 구조를 가지고 있어서 육안으로 꽃가루를 제거하기 어려워 보통 확대경을 사용해야 했다. 엉겅퀴는 가시가 많고 묘목이 작아서 관리하기 어려웠기 때문에 멘델은 결국 연구를 포기하고 7년 동안 조밥나물 연구에 집중했다.

조밥나물은 당시 많은 식물학자(특히 네겔리)의 연구 대상이었다. 크기가 작고 생장 주기가 짧으며 재배가 쉽다는 장점이 있었다(무엇보다 장갑을 낄 필요가 없었다). 조밥나물은 암수한꽃(자웅 동주)이라, 멘델은 작은 꽃의 수술을 하나하나 제거한 후 교배 실험을 진

10 쌍떡잎식물 초롱꽃목 국화과의 여러해살이풀.

과학적 사고로 여는 새로운 세계

행했다.

　하지만 그 결과는 완두콩과 매우 달랐다. 오늘날 우리는 조밥나물이 주로 무성 생식을 한다는 사실을 알고 있지만, 당시 멘델은 그가 관찰한 2세대 개체 중 상당수는 실제로 유성 생식의 후손이 아니라, 개별적으로 작은 꽃들이 무성 생식을 통해 번식한 것이라는 사실을 알지 못했다. 그는 자신의 기술이 부족해서 생긴 문제라고 여겼으며, 무엇보다 조밥나물의 유전 방식이 완두콩과 다르다는 점에 주목했다.

　1869년, 멘델은 두 번째 유전학 논문인 「인공 교배를 통해 얻은 조밥나물에 대하여」를 발표했다. 그는 이 논문에서 '모든 경우에 있어서 두 품종의 완두콩을 교배하면 동일한 형태의 개체들이 생성되지만, 그들의 자손은 다시 변화하며 일정한 법칙을 따른다는 것을 알 수 있었다. 그러나 현재까지의 실험에 따르면, 조밥나물에서는 이와 정반대의 결과가 나타났다.'라고 서술했다.

　이듬해 그는 네겔리에게 보낸 편지에 이와 같이 썼다.

　"이 시점에서 완두콩과 비교했을 때 조밥나물이 거의 반대되는 결과를 보인다는 것을 인정하지 않을 수 없습니다. 이는 분명히 단순한 개별적 현상이 아니라, 더 높은 차원의 근본적인 법칙에서 비롯된 것임이 분명합니다."

멘델은 완두콩과 조밥나물의 상반된 결과를 하나의 원리로 통합할 수 있기를 바랐다. 그는 이 논문에서 다음 해에 추가로 결과를 발표하려고 했지만, 그가 사망한 1884년까지 세 번째 논문은 끝내 발표되지 않았다.

20세기 초, 세 명의 생물학자가 멘델의 유전 법칙을 '재발견'하면서 한동안 식물에는 최소 두 가지의 다른 유전 법칙이 존재한다는 개념(완두콩형과 조밥나물형)이 유지되었다. 조밥나물의 무성 생식이 밝혀진 것은 1904년 덴마크의 식물학자 칼 오스텐펠드Carl Ostenfeld가 연구한 이후였다. 그제서야 사람들은 조밥나물의 특수한

과학적 사고로 여는 새로운 세계

생식 방식이 멘델을 오도하여 잘못된 결론과 해석을 내리게 했다는 것을 깨닫게 되었다.

　오늘날 대부분의 교사와 학생들은 멘델의 두 번째 논문에 대해 잘 알지 못하고, 교과서에서도 이를 거의 다루지 않는다. 아마도 역사를 단순화하려는 이유 때문일 것이다. 일반 학생들에게는 그럴 수 있다고 해도, 과학에 관심이 있는 학생들에게는 멘델의 두 번째 논문의 존재를 아는 것이 중요하다. 과학 원리를 세우는 과정은 교과서에 나오는 것처럼 순조롭지 않으며, 거칠고 구불구불한 길을 지나 수많은 시행착오와 오해, 좌절을 거쳐야만 비로소 얻을 수 있다. 이런 과정은 단순한 좌절과 실패가 아니라 의지의 시험이자 배움을 위한 좋은 기회이기도 하다. 이것이 바로 과학의 길을 가는 데 있어 꼭 갖추어야 할 중요한 인식이다.

14

비둘기 사육사와 정원의 수도사

1865년, 멘델이 오스트리아 브루노 자연과학회에서 완두콩 유전에 관한 논문을 발표했던 시기에, 다윈이 쓴『종의 기원 Origin of Species』은 출간된 지 6년이 지난 시점이었다. 그때까지 두 사람은 한 번도 만난 적이 없었고, 서신을 주고받은 적도 없었다. 멘델은 다윈의 진화론을 잘 알고 있었지만, 반대로 다윈은 멘델의 연구에 대해 전혀 알지 못했던 것으로 보인다. 다윈의 방대한 저서들 속에서 멘델의 이름은 단 한 번도 등장하지 않는다.

멘델이 런던에 방문한 적은 있지만 다윈을 만났다는 기록은 남아 있지 않다. 만약 두 사람이 만났다면, 변종에 대한 경험과 연구에 대해 많은 이야기를 나눌 수 있었을 것이다. 다윈 역시 다양한 변종 실험과 연구를 진행했는데, 변이variation가 진화의 핵심 요소라고 보았기 때문이다.

그가 연구한 동식물의 종류와 수는 멘델보다 훨씬 많았고, 완두콩 품종과 특성에 대한 연구 역시 멘델을 능가했다. 1868년, 다윈은 『순화에 따른 동식물의 변이 The Variation of Animals and Plants under Domestication』라는 두 권짜리 방대한 저서를 출간했다. 이는 13년간의 연구 결과를 집대성한 것이었지만, 유전의 원리를 분석하지는 못했다. 반면, 멘델은 단 8년간 완두콩 교배 실험을 통해 유전학의 기본 원리를 도출해 냈다.

만약 멘델과 다윈이 실제로 만났더라도, 그들의 대화에는 상당한 어려움이 따랐을 것이다. 먼저 언어적 측면에서 보면 멘델은 영어를 하지 못했고, 다윈은 독일어를 거의 하지 못했다. 다윈의 아들이 다윈이 독일어를 사전으로 배웠다고 회고한 바 있는데, 그의 독일어 실력이 굉장히 미흡했다는 사실을 알 수 있다. 그러니 심도 있는 대화를 나누기에는 언어 장벽이 컸을 것이다. 설령 통역이 있었다고 해도 두 사람의 학문적 배경 차이 또한 너무 달랐기 때문에 또 다른 장애물이 되었을 것이다.

멘델은 물리학과 수학을 기반으로 과학적 지식을 쌓았는데, 빈 왕립 대학에서 통계학과 배열 조합으로 유명한 안드레아스 폰 에팅스하우젠Andreas von Ettingshausen을 비롯하여 당대 최고의 물리학자와 수학자들에게 배웠다. 반면, 다윈은 자연사natural history를 공부하면서 주로 자연을 관찰하고 분석하는 귀납적 방법으로 학습했다. 다윈의 수학 실력은 그리 좋지 못했다. 그는 가장 단순한 대수학조차 이해하기 어려웠다고 고백한 바 있다.

멘델은 둥근 완두콩 품종 (A)와 주름진 완두콩 품종 (a)를 교배한 결과, 첫 세대(F1)에서는 모두 둥근 완두콩만 나타나는 것을 확인했다. 그는 이를 '우성顯性과 열성隱性' 개념으로 설명했다. F1 세대는 둥근 완두콩과 주름진 완두콩의 특성을 각각 한 개씩 물려받지만, 둥근 완두콩의 특성이 우성이기 때문에 모두 둥글게 나타난다고 했다.

그런데 F1 세대를 다시 자가 교배했을 때, 다음 세대(F2)에서 주름진 완두콩이 다시 나타났으며, 그 비율은 전체의 $\frac{1}{4}$이었다. 나머지 $\frac{3}{4}$은 둥근 완두콩이었고 비율로 보면 '3:1'이었다. 이 3:1 비율은 퍼넷 사각형Punnett square으로 설명되며, 이는 후에 영국 유전학자 레지널드 퍼넷Reginald Punnett이 사용하기 시작했다. 방정식은 다음과 같다.

$$\frac{A}{A} + \frac{A}{a} + \frac{a}{A} + \frac{a}{a} = A + 2Aa + a$$

대문자 A와 소문자 a는 각각 우성과 열성의 형질을 의미한다. 좌항에는 F1(Aa 잡종)이 자가 교배한 후 얻을 수 있는 네 가지 조합이 나와 있으며, 우항에는 난자와 화분이 각각 운반하는 형질이 표시되어 있다. $\frac{A}{A}$와 $\frac{a}{a}$는 순종이고, $\frac{A}{a}$와 $\frac{a}{A}$는 잡종이다. 우항에는 실제로 관찰된 세 가지 F1 유형이 나열되어 있다. A는 순종의 둥근 완두콩(현대 표기법: AA), Aa는 잡종, a는 순종의 주름진 완두콩(현대 표기법: aa)을 의미한다. A와 Aa는 모두 둥근 완두콩의 형태를 띠므로 구별할 수 없다. 멘델은 이들을 각각 자가 교배시켰고, 그 결과 $\frac{1}{3}$은 순종의 둥근 완두콩 (A)를 생산했으며, 나머지 $\frac{2}{3}$는 둥글고 주름진 완두콩 (Aa)를 탄생시켰다. 이렇게 되면서 원래의 3:1 비율이 1:2:1로 바뀌었으며, 이는 멘델이 발견한 방정식의 우변 계수 배열과 동일하다.

멘델은 이러한 정량적 분석을 통해 완두콩의 교배 데이터를 완벽하게 해석해 냈고, 1866년에 그 결과를 학회지에 발표했다. 같은 해 다윈도 금어초antirrhinum로 진행한 교배 실험 결과를 발표했는데, 그의 F2 세대에서는 우성과 열성이 2.4:1 비율로 나타났으며, 이는 3:1에 근접한 결과였다. 이후의 앵초primula 교배 실험에서도 3:1 비

2. 과학자의 이성과 감성

율이 나타났다. 그러나 다윈은 이 데이터로 다른 추론이나 분석을 시도하지 않았다.

다윈의 수학 실력이 그렇게 형편없었다면 멘델은 실제로 다윈을 만났을 때 그를 열심히 가르쳐야 했을 것이다. 다윈은 성격상 겸손하고 배움에 열려 있었기 때문에 멘델의 가르침을 받아들였을 가능성이 크다. 그랬다면 역사는 지금과 많이 달라졌을지도 모른다.

과학적 사고로 여는 새로운 세계

15
다윈의 깊은 고통

자연은 우리에게 가장 명확한 방식으로
반복적인 근친상간을 싫어한다고 알려 준다.
— 찰스 다윈

다윈은 진화론에서 종의 변이를 설명하기 위해 다양한 동식물 교배 실험을 수행했다. 이러한 연구 과정에서 그는 근친 교배를 통해 더 약하거나 불임인 자손을 낳을 가능성이 높아진다는 사실을 발견했다. 그는 자신의 저서『순화에 따른 동식물의 변이』에서 '근친 교배와 교잡의 효과'라는 장을 통해 여러 연구 사례와 자신이 약 10년에 걸쳐 수행한 실험 결과를 종합적으로 분석했다. 그는 '우리가 고등 동물에서 얻은 모든 결론은 인간에게 적용할 수 있다'라고 주장하며 자신의 가족을 떠올렸다. 그의 가문에서는 근친혼이 빈번했기 때문이다.

당시 영국 사회에서는 근친혼이 매우 일반적이었으며, 특히 다윈 가문이나 그의 친척인 웨지우드Wedgwood 가문과 같은 명문가에서는 더욱 그러했다. 다윈은 사촌인 엠마와 결혼했고, 그의 외조부모 역시 사촌지간이었다. 여동생 캐롤라인은 엠마의 오빠와 결혼했고, 엠마의 다른 형제자매 중 두 명도 혈연관계에 있는 사람과 결혼했다. 다윈의 외조부모, 어머니, 아내, 처남은 모두 웨지우드 가문 출신이었다.

다윈은 평생 병을 앓았고 그의 자녀들도 어려서부터 건강이 좋지 않았다. 열 명의 자녀 중 세 명은 열 살이 되기 전에 사망했고, 살아남은 자녀 중 세 명은 결혼은 했지만 자녀를 두지 못했다. 그는 둘째와 셋째 아이가 유아기에 연달아 사망하자 친구에게 편지를 보내 근친혼의 결과일지도 모른다는 우려를 털어놓았다. 또한, 영국 의회에 서한을 보내 혈연 간 결혼의 빈도와 그 자녀들의 건강 상태에 대한 조사를 요청했으나, 의회는 이를 받아들이지 않았다.

다윈이 저서를 출간했을 무렵은 멘델이 완두콩 유전 법칙을 발표한 지 2년이 지난 시점이었다. 하지만 그는 이를 알지 못했다. 만약 알았다면, 유전의 원리를 더 명확하게 이해할 수 있었을지도 모른다. 지금 우리는 인간이 두 세트의 염색체를 가지고 있으며, 하나는 어머니로부터, 다른 하나는 아버지로부터 물려받는다는 사실을 알고 있다. 이러한 염색체에는 일부 유해한 돌연변이를 포함한 유전자들이 존재하는데, 대부분의 유해 돌연변이는 열성 유전이며, 두 개의 염색체 모두 열성 유전자를 가지고 있어야만 질병이 발현된다. 일반적인 경우에는 이러한 열성 유전자가 짝을 이룰 확률이 낮지만, 근친혼에서는 동일한 열성 유전자를 물려받을 가능성이 높아 유전 질환이 발생할 확률이 증가한다.

2015년, 미국 시카고대학과 컬럼비아대학의 공동 연구진은 사람 한 명당 평균 1~2개의 열성 치사 유전자를 보유하고 있다고 추정했다. 예를 들어, 한 조부가 열성 치사 돌연변이 m을 가지고 있고, 다른 상동 염색체가 정상인 M을 가지고 있다고 가정해 보자. 이 경우, 그가 자식에게 m을 물려줄 확률은 $\frac{1}{2}$이며, 손자에게 물려줄 확률은 $\frac{1}{4}$이다. 만약 이 손자들이 사촌들과 결혼을 한다면, 자녀가 한쪽 부모로부터 m을 물려받을 확률은 $\frac{1}{8}$이며, 양쪽 부모로부터 모두 물려받을 확률은 $\frac{1}{8} \times \frac{1}{8} = \frac{1}{64} (= 0.016)$이다. 만약 조부가 두 개의 치사 돌연변이(m이나 n)를 가지고 있었다면, 사촌 간 결혼으로 자녀가 이 중 하나를 물려받을 확률은 $\left[1 - \left(1 - \frac{1}{64} \right) \left(1 - \frac{1}{64} \right) \right] = 0.031$ 이다.

이는 호주 의학 유전학자 앨런 비틀스Alan Bittles가 『근친혼의 이해Consanguinity in Context』에서 제시한 수치와 유사하다. 이 확률 자체는 높지 않지만, 특정 가문에서 여러 세대에 걸쳐 반복적으로 근친혼이 이루어질 경우, 유해한 열성 돌연변이가 축적되어 후손의 유전 질환 발생 확률이 크게 증가할 수 있다.

　　다윈과 동시대의 인물인 빅토리아 여왕의 가계에서도 여러 차례 근친혼이 이루어졌으며, 그 결과 혈우병 환자가 다수 발생했다. 일부 사람들은 이를 근친혼의 해로운 결과라고 주장하지만, 이는 잘못된 해석이다. 혈우병은 X 염색체에 존재하는 열성 돌연변이로 인해 발생하는데, 남성은 X 염색체(어머니로부터 받은 것)를 하나만 가지므로, 이를 물려받으면 바로 발병한다. 여성은 X 염색체를 두 개 가지므로 두 개 모두 돌연변이를 가질 경우에만 발병한다. 그러나 빅토리아 여왕의 후손의 경우 여성이 아닌 남성 후손들에게서만 혈우병이 나타났다. 이는 돌연변이 유전자가 어머니로부터 유전되었음을 의미하며, 아버지의 유전과는 무관하다는 뜻이다. 따라서 혈우병은 빅토리아 여왕 가문의 근친혼과 직접적인 관련은 없다.

　　영국 엘리자베스 2세 여왕과 그녀의 남편 필립 공은 모두 빅토리아 여왕의 증손자 계보에서 나왔지만, 이들은 먼 친척 간의 결혼이었다. 다행히도 그들의 후손들에게서는 혈우병이 나타나지 않았다.

16
연구와 명예

DNA 조작 기술이 발전하기 전까지 염색체상의 유전자 위치 locus는 오직 수학적 분석을 통해 간접적으로만 규명할 수 있었다. 이 추상적인 유전자 지도를 만드는 기술을 처음으로 개발한 사람은 미국 컬럼비아대학교에 재학 중이던 앨프리드 스터티번트Alfred Sturtevant였다.

스터티번트는 여섯 형제 중 막내로 앨라배마주의 농장에서 자랐다. 1908년 형의 지원을 받아 컬럼비아대학교에 입학했고, 다음 해에는 토머스 모건Thomas Morgan 교수의 일반 동물학 수업을 들었다. 그는 모건 교수의 연구 열정에 깊은 감동을 받고 함께 연구하기로 결심했다. 형의 격려 속에서 뛰어난 재능을 발휘한 스터티번트는 독학으로 배운 멘델의 유전학을 바탕으로 농장에서 관찰한 말의

털 색깔 유전을 분석하고 이를 모건 교수에게 제출했다. 모건 교수는 그의 연구를 높이 평가하여 논문 게재를 도와주었고(1910년) '파리 방Fly room'으로 불리는 자신의 연구실에서 함께 초파리 연구를 진행하도록 했다.

그 무렵 모건 교수는 최초의 돌연변이 초파리를 발견했다. 야생 초파리의 눈은 붉은색이지만, 돌연변이 초파리의 눈은 흰색이었다. 모건 교수는 흰 눈 돌연변이를 비롯한 여러 돌연변이가 성염색체(X)에 존재함을 밝혀냈다. 이는 멘델이 완두콩 교배 실험을 통해 제시한 '독립의 법칙law of independent assortment'에 어긋나는, 유전자 연관genetic linkage 현상의 존재를 보여 주는 발견이었다. 즉, 이러한 돌연변이는 대개 다음 세대에 함께 유전된다는 것이다.

예를 들어, 암컷 초파리의 두 개의 X 염색체가 각각 AB와 ab라는 두 쌍의 유전자를 가지고 있다면, 감수 분열을 거쳐 생성된 난자에는 대부분 AB 또는 ab가 나타나며, Ab나 aB와 같은 새로운 조합은 매우 드물게 나타난다. 후자의 경우를 '재조합recombination'이라고 하며, 그 빈도를 '재조합 빈도'라고 한다. 재조합 빈도는 유전자 쌍마다 높은 것부터 낮은 것까지 각각 다르게 나타난다. 모건 교수는 재조합이 동일한 염색체에 있는 유전자들 사이에서 상동 염색체 간의 교차crossing over 때문에 발생한다고 정확하게 추론했다. 즉, X 염색체에서 A/a와 B/b 사이에서 교차가 일어나면 Ab와 aB처럼 새로운 조합이 생성되는 것이다.

1911년 어느 가을, 스터티번트는 연구실 동료들과 토끼털 색깔 유전을 주제로 토론하던 중, 어쩌면 유전자들 사이의 재조합 빈도는 유전자 사이의 물리적 거리와 관련이 있을 수도 있다(비례할 수 있다)는 아이디어를 얻었다. 그는 즉시 연구실로 돌아가 과제도 제쳐 둔 채 밤새도록 X 염색체에 존재하는 다섯 가지 돌연변이에 대한 재조합 빈도를 분석했다. 그는 이들의 재조합 빈도를 기반으로 유전자 지도를 작성해 보았는데, 그 간격이 실제 재조합 빈도와 정확히 일치했다. 이것이 인류 역사상 최초로 만들어진 '유전자 지도'였다. 다음 날 아침, 모건 교수는 이를 보고 크게 놀랐고 연구를 계속 이어 가도록 격려했다.

2년 후, 대학원생이 된 스터티번트는 확장된 유전자 지도와 정확한 실험 증거를 추가하여 학술지에 연구 결과를 발표했다. 그는 다음 해 박사 학위를 취득한 후, 50년 이상 유전학 연구를 지속하며 유전자 위치의 특정 기술을 유전학의 핵심 영역으로 발전시켰다.

스터티번트의 이 권위 있는 논문은 단독 저자로 발표되었으며, 지도 교수였던 모건 교수의 이름은 포함되지 않았다. 지금의 관점으로 보면 상당히 놀라운 일이지만 당시에는 논문의 아이디어가 학생 본인에게서 나온 경우, 교수는 저자로 이름을 올리지 않는 것이 관례였다.

비슷한 사례로 1953년 제임스 왓슨James Watson과 프랜시스 크릭Francis Crick이 발표한 DNA 이중 나선 구조 논문 그리고 1958년 매슈 메셀슨Matthew Meselson과 프랭클린 스탈Franklin Stahl이 발표한 DNA 반보존적 복제에 관한 논문 역시 지도 교수 없이 단독 저자로 발표되었다. 이 네 명의 젊은 생물학자들은 모두 지도 교수의 연구실에서 다른 연구를 수행하던 중 개인적으로 해당 연구를 진행하다가 논문을 완성한 경우였다. 그러니 최종 발표한 논문에는 자신의 이름만 올리는 것이 당연한 일이었다.

아마도 그 시절 학계의 분위기가 지금보다 더 이상적이었거나 지금처럼 논문 게재 횟수에 크게 관심을 두지 않았던 것 같다. 그리고 지금은 연구원 수가 증가한 데다가 실험 장비와 소모품 비용도 많이 드는 탓에 연구비 경쟁이 치열해졌다. 그 결과, 논문 수가 중요한 평가 지표가 되었고, 연구실의 '보스'들은 더 이상 겸손하지 않으며, 일부 연구자들은 연구 윤리를 넘어서기도 한다. 모건 같은 겸손한 학자는 이제 거의 찾아볼 수 없게 되었다.

공부 안 해도 되겠어?

지금 역사에 이름을 남기느냐 마느냐인데, 그게 중요해?

17

유전자의 역설과 물리학자의 낭만

과제란 아직 누구도 본 적 없는 것을 보는 데 있지 않습니다.

다만 누구도 생각하지 않은 것을,

모두가 보고 있는 현실 속에서 사유하는 데 있습니다.

- 에르빈 슈뢰딩거Erwin Schrodinger, 오스트리아의 양자 물리학자

유전학에 대해 이야기할 때, 멘델이 물리학자였다고 말하면 대부분의 사람은 놀라며 반문한다.

"멘델은 생물학자 아니었나요?"

그러면 나는 멘델이 빈 대학교에서 물리학을 전공했고, 중학교에서 물리학을 가르쳤다고 알려 준다. 사실, 멘델이 물리학자로서의 수학적 기초가 없었다면 완두콩 실험에서 얻은 데이터를 바탕으로 유전 법칙을 도출해 내는 것도 불가능했을 것이다.

20세기에 들어서면서 멘델의 유전 법칙은 본격적으로 빛을 보기 시작했지만, 여전히 수학적 정량 분석 수준에만 머물러 있었다. 유

전자가 염색체에 존재한다는 사실은 알았지만, 그것이 정확히 어떤 모습인지, 어떻게 연구해야 하는지는 전혀 알지 못했다. 유전학을 세포에 도입하고, 유전자를 분자 생물학 수준으로 한 단계 끌어올려서 연구할 수 있는 새로운 혁명이 필요했다. 이 분자 생물학 분야의 혁명은 독일의 양자 물리학자 막스 델브뤼크의 주도로 일어났고, 여러 물리학자가 그 흐름에 동참했다.

1935년, 델브뤼크와 두 명의 공동 연구자는 X선이 초파리에 돌연변이를 유발하는 과정에 대한 논문을 발표했다. 그들은 X선이 이온화하는 범위가 약 $300m^3$로 돌연변이를 일으키기에 충분하며, 이는 대략 1,000개의 원자를 포함하는 부피라는 사실을 밝혀냈다 ($Å = 10^{-10}m$). 이를 통해 델브뤼크는 '유전자는 단일 분자이며, 돌연변이는 유전자 분자가 안정된 상태에서 또 다른 안정된 상태로 도약하는 것'이라는 결론을 내렸다.

이 논문은 거의 주목받지 못하는 소규모 학술지에 실렸지만, 7년 후 그 복사본이 아일랜드 더블린에 살고 있던 양자역학의 대가, 에르빈 슈뢰딩거의 손에 들어갔다. 슈뢰딩거는 더블린 트리니티대학교에서 이 논문의 내용을 바탕으로 물리학적 관점에서 생명 현상을 강의했다. 이 강의는 다음 해 『생명이란 무엇인가?What Is Life?』라는 책으로 출간되었다.

물리적인 관점에서 볼 때, 슈뢰딩거는 유전자가 매우 신비롭고 역설적인 특성을 가지고 있다고 생각했다. 유전자는 단일 분자처럼 보이지만 매우 안정적이기도 했다. 그는 이를 설명하기 위해 '비주기적 결정aperiodic crystal'이라는 개념을 도입했다. 일반적으로 '결정crystal'은 안정적이지만(50편 참고), 유전자의 경우 '비주기적'이기 때문에 유전 정보의 변화가 가능하다는 것이었다. 또한, 그는 유전자 내에 모스 부호와 유사한 방식으로 기록된 '유전 암호'가 존재할 것이라고 예측했다. 이 가설은 후에 DNA 이중 나선 구조의 발견을 통해 사실로 입증되었다.

슈뢰딩거는 "델브뤼크가 설명한 유전 물질의 성질을 보면, 생명체는 기존의 '물리학 법칙'을 어기지 않지만, 아직 발견되지 않은 '다른 물리학 법칙'이 존재할 수도 있다는 가능성을 시사한다."라고 말했다. 이런 낭만적인 예언은 전후 수많은 과학자, 특히 물리학자들을 유전자 연구의 길로 이끌었다. 그중에는 후에 DNA 이중 나선 구조를 발견한 제임스 왓슨과 프랜시스 크릭도 포함되어 있었다.

이때, 델브뤼크는 이미 미국으로 이주하여 본격적으로 분자 생물학 연구를 시작했으며, 그는 박테리아와 박테리오파지를 이용한 유전학을 연구해야 한다고 주장했다. 그는 점차 이 새로운 영역의 지도자로 자리 잡아갔다.

　그 후 거의 40년 동안 분자 생물학자들은 유전자의 신비를 빠르게 벗겨 냈다. 이 과정에서 유전자에는 사실 '역설'이 존재하지 않는다는 것이 드러났다. 유전자의 구조와 기능은 물리학과 화학의 기존 법칙만으로도 무리 없이 설명되었고, 새로운 법칙이 필요하지 않았다. 물리학자들이 기대했던 새로운 법칙을 찾겠다는 꿈은 사라졌지만, 그 대신 완전한 분자 유전학 체계가 구축되면서 생명 공학 분야에 혁명을 가져다주었다. 나아가 현대의 빠른 DNA 염기 서열 분석 기술 덕분에 수십억 개의 염기쌍으로 이루어진 유전체 정보를 해독할 수 있게 되었다. 때마침 새롭게 등장한 컴퓨터 및 정보 과학이 핵심 역할을 하게 되면서 또 한 번의 융합 과학 혁명이 일어났다.

　그러나 생명 진화의 최종 단계인 뇌 정보 시스템 연구를 되돌아보면, 우리는 이미 수 세기 동안 넘지 못한 거대한 장벽 앞에 가로막혀 있다. 다양한 학문이 협력하고 있지만, 아직까지 이 한계를 돌파하지 못했다. 우리는 여전히 '뇌 과학의 멘델'을 기다리고 있다.

18
영원히 기억될 크릭

프랜시스 크릭은 위대한 과학자였을 뿐 아니라,
다른 사람들에게도 중요한 촉매제였다. 그는 항상 겸손히 듣고,
관심을 가지며, 다른 사람이 스스로 해답을 찾도록 도와줬다.
— 시드니 브레너Sydney Brenne, 남아프리카 공화국의 분자 생물학자

"누군가 나에게 '이 모든 사건의 전개에 만족하십니까?'라고 묻는다면, 나는 이렇게 대답할 것이다. '좋았을 때든, 그렇지 않았을 때든, 나는 매 순간을 즐겼습니다.'"

20세기의 위대한 생물학자 중 하나인 프랜시스 크릭은 DNA 이중 나선 발견에 대해 다룬 자서전 『얼마나 미친 추구인가The Mad Pursuit』의 말미에 이와 같은 말을 남겼다. 그는 2004년 88세의 나이로 세상을 떠났다. 만약 그에게 인생에 대해 어떻게 느꼈는지 묻는다면 아마도 이와 비슷한 대답이 돌아왔을 것이다.

2. 과학자의 이성과 감성

1930년대 양자역학자 막스 델브뤼크의 지도를 받은 물리학자들이 생물학의 세계로 뛰어들기 시작했다. 수학과 물리학 훈련을 받은 이 물리학자 그룹은 세포의 생명 현상에 대해 신비롭거나 설명 불가능한 것은 없으며, 모든 것은 물리학적 원리로 설명할 수 있다고 믿었다. 당시 물리학적 원리로 설명되지 않는 것은 실제로 설명할 수 없는 것이 아니라, 단지 아직 밝혀지지 않았을 뿐이라는 믿음이었다. 이 신념은 분자 생물학이라는 분야를 통해 실제로 구현되었고, 멘델이 제시한 추상적 개념에 불과했던 유전자가 마침내 DNA라는 실체적 물질로 규명되면서, 유전학은 중대한 전환점을 맞이하게 되었다.

크릭이 제임스 왓슨과 함께 DNA 구조를 연구하기 시작했을 때, 그의 나이는 이미 35세로 결코 적지 않은 나이였다. 제2차 세계 대전으로 학업이 잠시 중단되었다가 영국 케임브리지대학교의 캐번디시 연구소에서 박사 과정을 밟던 중, 당시 유학 중이던 23세의 젊은 미국인 생물학자 왓슨을 만나 교류하게 된다.

두 사람은 처음 만났을 때부터 서로 통하는 것이 있었다. 둘 다 DNA에 깊은 관심을 가지고 있었고, DNA 분자에 유전자의 비밀이 숨겨져 있다고 확신했다. 사실 두 사람이 공식적으로 이 연구를 진행한 것은 아니었지만, 끈질긴 노력으로 연구를 지속했다. 그들은 런던 킹스 칼리지의 로절린드 프랭클린Rosalind Elsie Franklin과 모리스 휴 윌킨스Maurice Hugh Frederick Wilkins가 수행한 X선 회절 실험 결과와 화학의 대가 라이너스 폴링Linus C. Pauling의 분자 구조 분석을 바탕으로 수많은 시행착오를 거듭했다. 특히 프랭클린의 최신 데이터를 포함한 다양한 측면의 지식을 기반으로 마침내 DNA 이중 나선 모델을 완성했다(37편 참고).

이중 나선 구조는 유전자가 단백질인지, DNA인지에 대한 오랜 논쟁에 종지부를 찍었고, 유전자 정보가 염기 서열에 암호화되어 있다는 점을 암시했다. 만약 이 가설이 사실이라면 유전자는 마치 모스 부호처럼 해독 장치를 통해 염기 서열을 단백질의 아미노산 서열로 바꿔 주어야 한다. 당시에는 서로 다른 유전자가 서로 다른 단백질의 합성을 지휘하고, 돌연변이 유전자는 돌연변이 단백질을 생성한다고 보고 있었다. 그렇다면 유전자의 암호는 어떻게 해독되는 것일까?

그 후 약 13년간 과학계에서는 암호 해독 열풍이 불었다. 리처드 파인먼Richard Feynman과 조지 가모프George Gamow 같은 위대한 물리학자들도 세기의 수수께끼를 풀기 위해 뛰어들었다. 크릭 역시 시대의 흐름을 함께 하며 계속해서 연구를 이어 갔다. 그는 왓슨 등 저명한 과학자 스무 명을 모아 'RNA 타이 클럽RNA Tie Club'을 결성하여 서로 교제하며 연구와 관련된 담소를 나눴다. 그는 DNA의 정보가 아미노산 서열로 번역될 때 이를 전달하는 '메신저'가 있을 것이라 추측했고, 동료들은 그 역할을 하는 전령 RNA^{messenger RNA, mRNA}의 존재를 입증했다.

크릭은 또 다른 기발한 아이디어를 떠올렸고, 서툴지만 직접 실험을 진행하여 유전자 돌연변이와 재조합을 통해 유전자 암호가 세 개의 염기(코돈)가 하나의 아미노산을 지정하는 방식으로 이루어졌다는 사실을 추론해 냈다. 늦은 밤, 실험 결과를 확인한 그는 옆에 있는 동료에게 이렇게 말했다.

"있잖아, 지금 이 세상에서 유전 암호가 삼염기 조합이라는 사실을 아는 사람은 우리 둘뿐이야!"

아마 과학자에게 가장 기쁜 순간이었을 것이다. 그는 또 '어댑터 가설'을 제시하며, 세포 내에 특정 '어댑터' 분자가 있어서 mRNA의 코돈을 인식한 후 대응하는 아미노산을 전달한다고 주장했다. 이 어댑터는 나중에 실제로 발견되었고, 그것이 바로 tRNA(전달 RNA)였다.

이렇게 DNA 구조에서 mRNA, 리보솜^{ribosome}[11]과 tRNA를 통해

---

11 아미노산을 연결하여 단백질 합성을 담당하는 세포소기관으로 리보솜 RNA와 단백질로 이루어져 있다. 리보솜은 대단위체와 소단위체로 분리되어 있으며, 두 단위체가 결합하여 단백질 합성을 수행한다.

단백질로 번역되는 것까지, 분자 생물학의 '중심 원리'는 크릭의 아이디어로부터 탄생했다고 해도 과언이 아니다. 프랑스의 분자 생물학자 자크 모노Jacques Lucien Monod가 "분자 생물학은 어느 한 사람에 의해 발견되거나 창시된 것은 아니지만, 그 누구보다 많이 알고 깊이 이해하기 때문에 이 분야를 학문적으로 지배했던 인물은 프랜시스 크릭뿐이다."라고 말할 정도였다.

크릭은 유전과 유전자의 기본 원리가 규명되었다고 판단하자, 분자 생물학을 떠나 뇌와 인지 연구에 뛰어들었다. 얼핏 보면 갑작스러운 전환처럼 보일 수 있으나, 그의 기본 신념은 변함없었다. 그는 의식 역시 신비로운 것이어서는 안 되며, 이성적이고 합리적인 탐구를 통해 이해할 수 있어야 한다고 믿었다. 또한 완두콩의 키나 모양, 색깔 같은 특성이 분자 원리로 설명되었듯, 아직 규명되지 않은 뇌의 문제들도 언젠가는 설명될 것이라고 확신했다. 그는『놀라운 가설The Astonishing Hypothesis』이라는 책에서 다음과 같은 도전장을 내밀었다.

"당신, 당신의 기쁨과 슬픔, 당신의 기억과 야망, 당신의 자아 정체성과 자유 의지라는 의식은 사실은 수많은 뇌세포와 그에 결합된 분자들의 작용에 지나지 않는다."

뇌의 작용은 세포 내 분자의 원리만으로는 설명할 수 있는 수준을 훨씬 뛰어넘기 때문에 그는 이 영역을 새로운 사고로 접근해야 한다고 보았다. 그는 말년에 대장암으로 오랜 기간 투병하면서도 연구를 멈추지 않았고, 끝까지 긍정적인 태도로 일관했다.

크릭은 그야말로 순도 100% 과학자였다. 그는 평소에 한 명의 동료와 협업했지만, 생각을 확장할 때는 다양한 사람들을 찾아가 토론하며 아이디어를 주고받았다. 30년 전, 당시 흥미로웠지만 미성숙했던 네 가닥 DNA 모델(43편 참고)에 대해 그와 편지를 주고받은 적이 있었다. 당시 그는 이미 노벨상 수상자였고, 나는 이제 막 연구를 시작한 새내기 박사 및 연구원에 불과했다. 그는 기꺼이 시간을 들여 조언해 주었고 따뜻한 격려도 아끼지 않았다. 나는 그의 이런 인간적인 모습에 깊이 감동했고, 내 인생에서 결코 잊을 수 없는 시간이었다.

과학 사학자 호레이스 저드슨 Horace Judson 은 분자 생물학의 발전 역사를 다룬 『창조의 제8일 The Eighth Day of Creation』이라는 책을 썼다. 그렇다면 우리는 이렇게 말할 수 있지 않을까?

"여덟 번째 날, 크릭은 마침내 안식의 순간을 맞이했습니다."

19

모노의 궁극적인 도전

만약 뇌가 우리가 이해할 수 있을 정도로 단순하다면,

우리는 그것을 이해할 수 없을 만큼 단순했을 것이다.

— 라이얼 왓슨 Lyall Watson, 남아프리카의 생물학자

1965년, 프랑스 파스퇴르 연구소의 자크 모노는 동료인 앙드레 루오프André Lwoff, 프랑수아 자코브François Jacob와 함께 효소의 유전적 조절 작용과 바이러스 합성에 관한 연구로 노벨 생리 의학상을 수상했다. 수상 후 인터뷰에서 기자가 모노에게 현재 생물학에서 가장 중요한 문제는 무엇인지 묻자, 그는 주저하지 않고 두 가지 주제를 꼽았다. 바로 생명의 기원과 중추신경계의 작용이었다. 이 두 주제는 각각 진화의 처음과 끝을 대표한다고 볼 수 있었다. 그는 또한 이렇게 덧붙였다.

"저는 오히려 가장 단순해 보이는 주제가 가장 연구하고 이해하기 어려울 수도 있다고 말하고 싶습니다. 왜냐하면 오늘날 우리가

연구하고 있는 세포, 예를 들어 가장 단순한 대장균조차도 수십억 년에 걸쳐 진화한 결과물이기 때문입니다. 그들은 원시 생물과도 이미 거리가 아주 멀죠."

반세기가 지난 지금, 우리는 이 두 극단 사이에 놓인 생물학적 현상에 대해 기본적으로 상당 부분 이해하게 되었지만, 정작 모노가 꼽은 이 두 주제에 대한 답은 여전히 추측과 가설의 수준에서 벗어나지 못한 채 제자리걸음 상태에 있다. 왜 그럴까? 이유는 명확하다. 두 주제 모두 우리가 넘어설 수 없는 장벽이 있기 때문이다.

생명의 기원을 연구하는 데 가장 큰 걸림돌은 정확한 실험 조건의 부재다. 현재 우리가 아는 원시 생물은 세균의 일종이다. 우리는 그 화석을 볼 수 있지만, 화석만으로는 세균의 화학적, 생리적 구조를 알 수 없다. 더군다나 그들이 어떻게 생성되었고 생성되기 전에는 어떤 모습이었는지도 파악할 방법이 없다. 우리는 시험관에서 세포가 출현하기 이전의 분자 진화 과정을 모의해 볼 수는 있다. 예를 들어 RNA 같은 생화학적 분자가 복제되고 변이를 겪으며, 선택 과정을 통해 생존하고 도태되는 과정을 실험할 수는 있다. 그러나 우리는 여전히 분자 진화의 정확한 순서조차 알지 못한다. 더 나아가 이들이 어떻게 하나의 시스템으로 통합되어 막을 만들어 내고, 세포를 형성하고, 외부와 적절히 구분되어 복제와 진화가 가능한 단위로 진화했는지에 대해서는 여전히 추측에 의존할 수밖에 없다.

현재까지 생명의 기원에 대한 가설은 최소 10여 가지가 넘지만, 어느 하나도 결정적인 단서를 찾지 못했다. 언론에서 생명의 기원의 단서를 찾았다고 보도되는 모든 내용은 대부분 가짜 뉴스일 확률이 높으며, 특히 신문이나 잡지에 실린 과장된 기사는 더욱 신뢰하기 어렵다.

반면, 인간의 뇌는 생명의 기원에 비하면 압도적으로 복잡하다. 최대 1,000억 개에 달하는 뉴런이 서로 연결된 인간의 뇌는 지금까지 우주에서 발견된 가장 복잡한 네트워크 구조다. 그러나 여전히 우리는 인간의 뇌에서 가장 기초적인 메커니즘, 즉 기억의 저장, 검색, 표현조차 제대로 파악하지 못하고 있다. 이 상황은 20세기 초 과학자들이 유전자가 어떻게 정보를 저장하고 표현하는지 알지 못했던 시기와 비슷하다. 그들은 유전자가 DNA 분자에 존재한다는 것은 알았지만, 그 안에 배열된 수많은 염기 서열이 어떻게 유전 정보를 전달하고, 어떻게 서로 다른 단백질을 암호화하는지는 몰랐다.

1970년대에 과학자들은 유전 암호를 해독함으로써 유전자의 신비를 밝혀냈다. 분자 생물학의 기본 원리가 탄탄하게 다져지자, DNA 이중 나선의 공동 발견자인 크릭은 이 분야를 떠나 뇌 과학이라는 새로운 영역으로 발길을 돌렸다. 그는 2004년 세상을 떠날 때까지 뇌 연구에 매진했다. 그는 1994년에 『놀라운 가설』이라는 책 속에서 다음과 같이 설명했다.

"인간의 정신 활동은 전적으로 뉴런과 신경 교세포glia 그리고 이들을 구성하고 영향을 미치는 원자, 이온 및 분자들의 작용에 의해 일어난다."

그는 당시 신경 과학이 이미 뇌의 의식 작용을 연구할 수 있는 도구를 충분히 갖추었다고 믿었다. 이러한 유물론에 대한 동경은 마치 반세기 전 그와 동료 분자 생물학자들이 유전자의 신비로운 작용을 물리 화학적 원리로 충분히 설명할 수 있다고 믿었던 것과 같다.

크릭은 '우리가 지금 DNA, RNA, 단백질의 기능을 이해한 후에 발생학embryology의 신비가 거의 사라진 것처럼, 의식의 신비로운 부분도 이렇게 사라질 수 있다'고 예측했다. 그러나 『놀라운 가설』이 출간된 지 거의 30년이 지난 지금, 그와 그의 동료들이 품었던 꿈은 여전히 돌파구를 찾지 못한 채 제자리에 머물러 있다.

역설적이게도 우리는 자연 생명의 기원이나 의식의 작용에 대해 갈피를 잡지 못하면서도 전자 정보 시스템을 이용해 인공 생명과 인공 지능을 개발하는 데는 성공했다. 이러한 인위적인 설계의 시스템이 자연의 진화와 관련된 정보 시스템을 이해하는 데 얼마나 도움이 될 수 있을까? 나는 언제나 기대 반 의심 반으로 지켜보고 있다.

　결국 모노가 제시했던 두 가지 도전은 반세기가 지난 지금도 여전히 현대 과학자들에게 성배와도 같은 존재로 남아 있다.

2. 과학자의 이성과 감성

20
시험관과 펜대

『우연과 필연Chance and Necessity』은
격동의 시대 속에서
두 천재가 찬란한 문학과 과학, 철학의
'공동 모험'을 함께 떠나게 했다.

1957년 10월, 프랑스 실존주의 작가 알베르 카뮈Albert Camus는 자신이 노벨 문학상 수상자로 선정되었다는 소식을 듣고, 파스퇴르 연구소의 분자 생물학자 자크 모노에게 편지를 보냈다. 편지에는 이런 내용이 담겨 있었다.

"이 예상치 못한 상은 나에게 확신보다 더 많은 의문을 안겨 주었습니다. 하지만 적어도 이 상황을 함께 마주할 수 있도록 도와줄 친구가 있어서 정말 다행입니다. 많은 사람과 있어도 외로움을 느끼는 나는 극히 소수의 사람들과만 깊은 관계를 맺는데, 당신은 그중 한 사람입니다. 나의 소중한 모노, 진심으로 전하고 싶었던 말입니다. 우리의 일과 바쁜 삶이 우리를 갈라놓았지만, 우리는 함께 모험을 하며 다시 만나게 될 겁니다."

그 당시 카뮈의 나이는 44세였고, 이미 세계적으로 명성을 얻은 인물이었다. 모노는 47세로 이제 막 학계에서 두각을 나타내기 시작한 과학자였다. 그런데 카뮈는 왜 이런 무명의 과학자에게 이토록 깊은 우정을 표현했을까? 그가 편지에서 언급한 공동 모험은 과연 무엇일까?

이야기는 제2차 세계 대전 시기로 거슬러 올라간다. 당시 카뮈와 모노는 서로를 알지 못했지만, 독일군이 점령한 파리에서 둘 다 레지스탕스La Résistance**12** 활동에 참여했다. 원래 신문사에서 일하던 카뮈는 전쟁 중 익명으로 지하신문《콩바Combat》의 편집장 겸 작가로 활동하며 저항을 촉구하는 글을 썼고, 많은 사람이 그의 글에 감동을 받았다. 이 시기 그는 소설『이방인』과 수필『시지프 신화』, 두 편의 희곡을 실명으로 출판하며 문학적 입지를 다졌다. 그의 지하에서의 저항 활동과 지상에서의 작가 활동은 모두 명성을 얻었고, 전쟁이 끝난 후에야 두 인물이 동일인이라는 사실이 밝혀졌다. 한

---

12 프랑스어로 '저항'이라는 뜻으로, 넓은 의미로는 점령군에 대한 시민들의 저항 행위를 일컫는다. 좁은 의미로는 제2차 세계 대전 당시 나치 독일에 대한 프랑스 시민들의 저항 운동(French Resistance)을 의미한다.

2. 과학자의 이성과 감성

편 모노는 당시 파스퇴르 연구소의 연구원으로 낮에는 실험을 하고 밤에는 무장 지하 조직의 일원으로 활동했다. 그는 파괴와 탈취, 암살, 연합군 지원 등의 임무를 수행하며 조직 내에서 참모 총장 직책까지 올랐다.

1948년 전쟁이 끝난 후, 두 사람은 한 인권 운동 행사에서 만나 친분을 쌓기 시작했다. 그들은 히틀러의 몰락 이후에 등장한 소련의 스탈린 체제라는 또 다른 위협적인 존재를 인지하고 있었다. 두 사람 모두 좌파 성향의 사회주의자였고, 과거엔 공산당에 가입한 적도 있었지만, 소련의 전체주의적 공포 정치에는 강한 혐오감을 느꼈다. 특히 소련의 생물학자 트로핌 리센코Trofim Lysenko는 정치적 이념에 따라 생물 유전을 해석하며, 당시 유전이 전적으로 유전자에 달려 있다는 당대의 멘델 유전학을 부정하고, 후천적으로 얻은 형질이 유전된다는 주장을 펼치며 전통 유전학자들을 잔혹하게 탄압했다. 이는 모노를 더욱 분노하게 했고 단호한 비판과 인도적 구호 활동에 나서게 했다. 이로 인해 모노와 카뮈는 과거 동지들로부터 비난과 오해를 받기도 했다.

카뮈는 다른 실존주의자들과는 달리 허무주의를 받아들이지 않았다.『시지프 신화』는 어떻게 인생의 가치를 찾는지를 보여 주는 작품이다. 신화 속 시지프는 신들의 벌로 거대한 바위를 산꼭대기로 계속해서 밀어 올리는 형벌을 받았다. 바위는 산꼭대기에 도달하면 다시 아래로 굴러 내려왔고, 시지프는 또다시 그 바위를 밀어 올려야 했다. 이런 끝없는 형벌 속에서도 카뮈는 이렇게 말한다.

"산꼭대기를 향한 투쟁만으로도 인간의 마음을 채우기에 충분하다. 우리는 시지프가 행복하다고 상상해야 한다."

1960년, 카뮈는 자동차 사고로 세상을 떠났지만 그와 모노의 공동 모험은 끝나지 않았다. 10년 후 모노는 그의 베스트셀러인 『우연과 필연』을 출간했다. 이 책 제목은 고대 그리스 철학자 데모크리토스가 말한 '우주에 존재하는 모든 것은 우연과 필연의 결과다.'에서 따온 것이다. 이 책 곳곳에는 카뮈의 영향이 묻어 있다. 책 서두의 서문은 『시지프 신화』의 결론을 인용했다.

이 시기 모노는 동료 프랑수아 자코브와 함께 대장균의 락토오스 대사에 대한 유전적 조절 메커니즘을 밝혀내며, 생물학사에 길이 남을 'lac 오페론'을 발표했다. 그리고 1965년, 이들은 지도 교수 앙드레 루오프와 함께 노벨상을 수상했다.

카뮈나 다른 철학자들과 달리, 모노는 과학적 논리를 통해 실존주의를 더욱 공고히 다져나갔다. 그는 생물학 연구는 인간의 존재가 어떤 신성한 계획의 결과가 아니라 우연의 산물임을 보여 준다고 주장했다. 그렇기에 그러한 신성한 계획을 기반으로 한 도덕적 신념은 아무 근거가 없으며, 선천적 기준이 없다면 인간은 스스로 행동을 규범화하고, 그 결과와 책임을 감당해야 한다고 말했다. 이것이 바로 실존주의의 핵심 사상이다.

21

과학자의 이성과 감성

그림이 그리고 싶다면 그냥 그리면 된다.
잘 그리든 못 그리든, 남이 뭐라고 생각하든
상관할 필요 없다.

리처드 파인먼은 20세기의 천재 물리학자다. 만약 그가 쓴 『파인먼 씨 농담도 정말 잘하시네요! Surely You're Joking, Mr. Feynman!』나 『남이야 뭐라 하건 What Do You Care What Other People Think?』을 읽어 본 적이 있다면, 그가 음악을 사랑하고, 라틴 아메리카의 봉고 드럼 연주를 즐기며, 그림 그리기도 무척이나 좋아했다는 사실을 알고 있을 것이다. 그는 특히 가족과 친구, 여성 모델을 그리는 걸 좋아했고, 스트립 바에 가서 스트리퍼를 그리기도 했다. 그의 그림 중 상당수는 미술관이나 박물관에 소장되었고, 그가 사망한 후에도 100권이 넘는 스케치북이 발견되기도 했다.

파인먼은 그림을 그리는 이유에 대해 이렇게 설명했다.

"나는 이 세상이 가진 아름다움에 대한 감정을 표현하고 싶어요."

우리 같은 과학자에게 예술 활동은 엄격하고 이성적인 과학의 세계에서 잠시 벗어나 자유롭고 감성적인 세계로 들어가게 해 주는 통로이자, 정신적인 균형을 회복하는 수단이 되어 준다. 과학 연구에는 엄밀한 법칙과 논리적 규범이 존재하며, 즉흥적으로 할 수 있는 여지는 거의 없는 정도가 아니라 결코 허용되지 않는다. 반면 예술은 법칙이나 논리가 중요하지 않고 얽매이지 않는다. 정답도, 오답도 없으며, 어떤 기법을 쓰든 어떤 스타일이든 어떤 내용을 택하든 상관없다. 그저 자신의 상상력을 발휘해서 원하는 대로 얼마든지 표현할 수 있다.

이렇게 이성적 활동과 감성적 활동 사이의 균형은 활동을 전환함으로써 휴식을 얻는 이치와도 통한다. 정신적 피로는 흔히 동일하고 단조로운 일에 지루함을 느끼는 데서 비롯된다. 그저 누워 쉬거나 잠을 자는 것만이 반드시 최고의 휴식은 아니다. 성격이 다른 활동으로 전환하는 편이 오히려 더 효과적으로 기분을 환기시키고, 일에 대한 열정을 되찾는 데 도움이 된다.

과학자들의 예술에 대한 관심은 물론 그림에만 국한되지 않는다. 음악 역시 많은 과학자가 사랑한 분야였다. 가장 대표적인 인물이 바로 알렉산드르 보로딘Alexander Borodin이다. 많은 사람이 그를 러시아 국민악파의 창시자로만 알고 있지만, 사실 그는 탁월한 화학자이기도 했다. 그의 본업은 대학에서 과학을 연구하고 가르치는 것이었고, 작곡은 취미 생활이었다. 그는 일요일이나 휴일, 아플 때만 작곡을 했기 때문에 '일요일 작곡가'라는 별명을 얻었다.

아인슈타인Albert Einstein 또한 음악을 사랑했고, 바이올린을 즐겨 연주했다. 그는 바이올린이 자신의 인생에 가장 큰 기쁨을 준다고 선언할 정도로 "나는 종종 음악 속에서 생각한다.", "나는 음악 속에서 몽상한다."라고 말하기도 했다. 아인슈타인처럼 바이올린 소리 속에서 사색하기 좋아한 인물이 바로 셜록 홈스다. 물론 셜록 홈스는 아서 코난 도일Sir Arthur Conan Doyle의 소설에 등장하는 허구 인물일 뿐이지만, 그가 처음 등장했을 당시 아인슈타인은 겨우 8살이었기 때문에 홈스가 바이올린을 연주하는 것은 아인슈타인에게서 영감을 받은 것은 아닐 것이다.

홈스가 몇 살부터 바이올린을 연주했는지는 알 수 없지만, 아인슈타인은 5살 때부터 바이올린을 시작했다. 파인먼은 44세에 본격적으로 그림을 그리기 시작했고, 그로부터 3년 후 그는 노벨상을 받았다. 그의 미술 선생님은 화가 지라이어 조시언Jirayr Zorthian이었다. 두 사람 모두 레오나르도 다빈치를 동경했고, 일요일마다 파인먼은 조시언에게 과학을, 조시언은 파인먼에게 미술을 가르치며 서로의 전공을 교류했다. 어쩌면 두 사람 모두 현대판 레오나르도 다빈치가 되기를 꿈꿨는지도 모른다. 결과적으로 파인먼은 그림 실력을 상당히 끌어올렸지만, 조시언은 과학을 그다지 배우지 못했다. 왜 이런 차이가 생겼을까? 조시언이 더 좋은 선생님이었기 때문일까, 아니면 파인먼이 더 훌륭한 학생이었기 때문일까?

내 개인적인 생각으로는 예술은 아마추어도 비교적 쉽게 배우지만, 과학은 그렇지 않기 때문이라고 본다. 실제로 과학은 배우기 어려운 학문이다. 과학은 추상적인 수학뿐 아니라 다양한 학문 간의 지식을 요구하기 때문에 일반인이 쉽게 접근하기 힘들다. 반면, 예술은 파인먼의 그림이나 아인슈타인의 바이올린처럼 특정 주제를 선택하고 집중해서 학습하면 일정 수준의 성취를 이룰 수 있다.

나는 젊은 시절 이런 생각에 따라 과학을 전문 분야로 삼고 예술은 취미로 남겨두는 삶을 선택했다. 그리고 지금 나는 당시 파인먼처럼 언제든지 펜을 꺼내 자유롭게 그림을 그리는 즐거움을 누리고 있다. 돌아보면 이 선택은 참으로 현명한 결정이었던 것 같다.

22
토끼든 거북이든

거북이를 보라, 거북이는 고개를 내밀어야만 앞으로 나아간다.

— 제임스 코넌트James Conant, 미국의 화학자이자 교육자

"예술가가 될 영감이나 재능이 없다면, 평생 과학자가 되는 것 말고는 무엇을 할 수 있겠는가?"

이 말은 분자 생물학 초창기 시절, 막스 델브뤼크가 이탈리아 출신의 세균학자 니콜로 비스콘티Niccolò Visconti에게 한 말이다.

비스콘티는 귀족 가문 출신으로, 1950년에 미국 롱아일랜드의 콜드스프링하버 연구소CSHL에 와서 델브뤼크가 개설한 '박테리오파지 과정'을 수강하며 박테리오파지를 연구하기 시작했다. 그는 1953년 한 해 동안 다섯 편의 논문을 발표했으며, 그중 한 편은 델브뤼크와 공동으로 박테리오파지 유전자의 위치를 다룬 것이었다. 내가 박사 과정 중에 바로 이 논문을 통해 비스콘티를 처음 알게 되었다.

비스콘티가 콜드스프링하버에 있는 동안 그의 친구 왓슨은 영

국 케임브리지의 캐번디시 연구소에서 크릭과 함께 DNA 구조 연구에 매진하고 있었다. 왓슨은 델브뤼크의 친구이자 박테리오파지 연구의 대가 샐버도어 루리아의 제자로, 케임브리지에서 연구하게 된 것도 델브뤼크의 추천 덕분이었다.

비스콘티와 델브뤼크의 논문은 1953년 1월, 과학 저널 《유전학 Genetics》에 게재되었고, 3개월 뒤 왓슨과 크릭의 DNA 이중 나선 구조 논문 역시 과학 저널인 《네이처 Nature》에 실렸다. 같은 해, 비스콘티는 연구를 그만두고 콜드스프링하버를 떠났다. 그는 나중에 이탈리아로 돌아가 생명 공학 회사를 공동 창업했다.

나는 1966년 델브뤼크의 60세 생일을 기념해 출간된 전기를 가지고 있다. 그 책에는 비스콘티를 포함한 32명의 동료와 친구들이 쓴 회고록이 담겨 있다. 비스콘티는 델브뤼크 곁에는 항상 매우 똑똑한 과학자들이 있었고, 그들 사이에서 자신이 점점 위축되고 열등감을 느껴서 연구를 포기하고 싶었던 적이 있다며 심정을 고백했다. 그는 델브뤼크에게 이런 고민을 여러 차례 털어놓았고, 그때 델브뤼크가 한 대답이 바로 서두에 언급했던 날카로운 말이었다.

물론 비스콘티는 부유한 가문 출신이었기에 직업을 바꾸는 데 있어서 큰 부담은 없었을 수도 있다. 그러나 결국 삶의 방향은 타고난 재능과 열정에 따라 각기 다르게 펼쳐진다. 똑똑하고 성실한 사람은 무슨 일을 하든 잘 해낼 수 있다. 하지만 그런 사람일수록 선택지가 많아서 오히려 갈팡질팡할 수도 있다. 다른 길을 택했다면 어땠을지 끊임없이 상상하게 된다. 나 역시 그런 고민을 하는 학생을 지도해 본 적이 있다. 나는 그들에게 진심 어린 조언을 해 준다.

"네 자신에게 솔직하게 물어봐. 네 마음은 어디에 있니?"

만약 과학 연구에 마음이 있다면, 망설이지 말고 그 길을 가야 한다. 여기저기 기웃거리며 한눈을 팔면 결국 자기 자신만 괴로울 뿐이다. 인생은 복수 선택이 가능한 객관식이 아니라 오직 한 가지만 선택할 수 있는 주관식이다. 그러니 미련 없이 하나를 선택하고, 다른 선택지에 대한 미련은 과감하게 버려야 한다.

또 연구에 열정은 있으나 타고난 재능이 부족한 학생들도 있다. 이런 학생들은 용감하게 도전하지만 종종 좌절을 경험하고 의지가 꺾이며 자신의 한계를 절감한다. 비스콘티처럼 다른 똑똑한 친구들에 비해 자신이 뛰어나지 않다고 느끼기도 한다. 그럴 때 나는 이렇게 말해 준다.

"과학 연구에 꼭 천재적인 재능만 필요한 건 아니야. 성실하게 노력하는 것이 훨씬 중요해."

물론 아인슈타인의 업적은 분명 그의 천재성 덕분이지만, 그런 천재성이 없는 우리 같은 평범한 사람들도 노력하면 훌륭한 과학자가 될 수 있다.

성실한 거북이는 교만한 토끼를 이길 수 있다. 그리고 무엇보다, 과학은 단순한 경쟁이 아니다. 한 걸음씩 꾸준히 산을 올라가다 보면, 어느 위치든 그것이 바로 성공이다. 순위는 결코 중요한 게 아니다. 나는 학생들에게 이렇게 충고한다.

"너희가 토끼든 거북이든, 박수갈채에 의존해서는 안 된다는 것을 배워야 해. 평생 연구를 하다 보면 박수갈채는 그저 보너스일 뿐이야. 물론 있으면 좋겠지만, 없어도 크게 문제 될 것은 없어. 우리는 더 이상 어린아이가 아니야. 박수가 없더라도 흘릴 땀은 흘리고, 노력할 일은 노력해야 해. 절대로 박수가 목표가 되어선 안 돼. 진짜 목표는 연구의 성과, 그 자체야."

토끼든 거북이든, 우리 대부분은 그 중간 어딘가에 있다. 최고도 최하도 아니다. 어떤 위치에 있든, 성실하게 일하고 인내를 이루면 반드시 성공할 수 있다. 그것들이 성공을 보장해 주지는 않지만, 그걸 포기하는 순간 모든 가능성은 사라진다.

그러니 머리를 내밀고, 한 걸음씩 앞으로 나아가자.

23

연구실 밖의 햇살, 배구 그리고 커피

좋은 의사소통은 블랙커피만큼 자극적이어서

대화가 끝나고도 각성 효과가 뛰어나다.

— 앤 린드버그 Anne Lindbergh, 미국의 작가

1970년, 당시 나는 눈보라 치는 뉴멕시코에서 햇볕 쨍쨍한 댈러스로 막 옮겨와 텍사스대학교에 입학했다. 매달 350달러의 장학금을 받으며 지낼 수 있어서 무척 행복했다.

당시 이 학교는 연구소에서 대학으로 바뀐 지 얼마 되지 않아서 물리학과 지질학, 분자 생물학까지 3개의 학과만 있었고 오직 대학원생만 받았다. 내가 다니던 분자 생물학과에는 학생이 겨우 6명뿐이었고, 학생 수보다 교수의 수가 오히려 더 많았다. 학생들과 교수진은 동료처럼 어울렸고 그래서인지 학과 분위기도 아주 활기찼다. 복도를 지나가다 보면 여기저기서 삼삼오오 모여 연구와 관련

된 이야기를 나누는 모습을 쉽게 볼 수 있었고, 다른 연구실에 있는 사람들과도 잘 어울렸다.

학과에서는 매주 목요일 오후에 세미나를 열어 연구실마다 돌아가며 연구 결과를 발표했다. 수요일 점심에는 최근 발표된 흥미로운 논문을 함께 읽고 토론하는 모임도 가졌다. 이 모임은 비교적 편안한 분위기였고, 많은 사람이 샌드위치나 커피를 들고 와 점심을 먹으면서 이야기를 들었다. 어떤 사람은 뷔페처럼 음식을 푸짐하게 가져오기도 했는데, 그중 단연 으뜸은 루퍼트Claud Stanley Rupert 교수였다.

루퍼트 교수는 매력적인 신사였다. 반쯤 벗겨진 머리에 풍성한 턱수염을 가진 그는 연구와 강의 외에도 학장 업무까지 맡고 있어서 무척 바빴다. 그는 식사를 마치고 커피를 마시고는 꾸벅꾸벅 조는 일이 잦았다. 본문에 실린 그림은 그 당시 내가 직접 그린 루퍼트다.

루퍼트는 당시 주목받던 분야인 '광생물학Photobiology'의 권위자였다. 광생물학은 비이온화 방사선(자외선, 가시광선, 적외선 등)이 생물에 미치는 영향을 연구하는 분야로, 광합성, 시각, 생체 리듬, 생물 발광, 자외선 효과 등 많은 중요한 생물학적 현상에 영향을 미친다. 1880년, 다윈과 그의 아들 프랜시스는 식물의 주광성에 관한 중요한 저서를 발표한 적도 있다. 내가 입학하기 전에 이미 이 분야에서 여덟 명의 노벨상 수상자가 나왔다.

루퍼트의 중요한 업적 중 하나는 1958년과 1960년에 각각 대장균과 효모에서 '광 회복photoreactivation'을 일으키는 효소인 광분해효소photolyase를 발견한 것이다. 광 회복 현상은 1949년 미국 콜드스프링하버 연구소에서 앨버트 켈너Albert Kelner가 우연히 발견한 것으로, 당시 그는 스트렙토미세스streptomyces(토양 속에 널리 분포하는 방선균의 한 속)에 대한 자외선의 치명성을 연구하던 중, 이 세균이 가시광선(특히 푸른빛)에 의해 활성화되는 복구 메커니즘을 가지고 있다는 사실을 알아냈으며, 이 메커니즘이 자외선 조사를 통해 DNA에 형성된 피리미딘 이합체를 분리해 낼 수 있다는 것을 발견했다. DNA 내 서로 인접한 피리미딘(T 또는 C) 사이에 형성된 이합체는 DNA 구조를 뒤틀리게 하고, 이로 인해 DNA 중합 효소가 DNA를 복제할 수 없게 하여 돌연변이 발생이나 세포 사멸을 초래할 수 있다.

내가 입학한 지 1년 후, 가장 친한 친구인 왕즈젠도 루퍼트의 연구실에 합류했다. 그리고 내가 졸업하기 1년 전인 1974년, 터키에서 온 아지즈 산자르Aziz Sancar도 루퍼트의 학생이 되었다. 그는 대장균에서 광 회복 효소 유전자를 분리하고 복제한 뒤, 이를 대량 정제해 생화학적, 물리학적 연구를 진행했다. 졸업 후에도 연구를 계속한 그는 '뉴클레오티드 절단 복구nucleotide excision repair, NER'라는 또 다른 DNA 복구 메커니즘 연구까지 이어 갔고, 결국 2015년 그는 동료 두 명과 함께 노벨 화학상을 공동 수상했다.

내가 입학한 지 얼마 지나지 않아, 독일 출신의 발터 하름Walter Harm 교수는 카페인이 세균의 광 회복 메커니즘을 억제하여 자외선으로 인한 손상을 복구할 수 없게 만든다는 논문을 발표했다. 당시 우리는 교수진과 저녁 무렵 자주 모여 배구를 했는데, 그 뒤로는 농담 삼아 '배구 전에 커피를 마시면 안 되겠다'며 웃곤 했다. 몇 년이 지나고 나서야 인간에게는 애초에 광 회복 복구 메커니즘이 없다는 사실을 알게 되었고, 우리가 괜한 걱정을 했다는 사실을 깨달았다.

인간은 비록 광 회복 메커니즘은 없지만, 뉴클레오티드 절제 복구 메커니즘은 가지고 있다. 후자는 일련의 효소를 사용하여 DNA에서 손상된 뉴클레오티드를 절단하고 정상적인 뉴클레오티드로 다시 메워 복구하는 과정이다. 나중에 이 또한 카페인에 의해 억제될 수 있다는 사실이 밝혀졌지만, 그 효과를 보려면 거의 커피 100잔에 해당하는 카페인(약 10g)을 섭취해야 했다. 이 정도로 고용량의 카페인을 섭취하면 이미 '반수 치사량LD50'에 해당하는 수준으로, 이는 절반의 사람이 생명을 잃을 수 있는 위험한 양이다.

다행히 그런 일이 일어나지 않았기에, 우리는 여전히 안심하고 커피를 마시며 배구를 할 수 있었고, 과학 토론도 한층 활기차게 이어 갈 수 있었다.

24
상호 보완, 완벽한 조화

서로 반대되는 것이 진정으로 상호 보완적이라면,

그들의 결합은 가장 완벽한 조화를 이룰 수 있다.

언뜻 서로 어울리지 않아 보이는 것들이 오히려

가장 자연스러운 경우가 많다.

— 슈테판 츠바이크Stefan Zweig, 오스트리아의 작가

어릴 적, 범죄 수사 영화를 보다가 누군가가 다른 사람의 열쇠를 비누에 몰래 눌러서 자국을 만든 뒤, 그것으로 틀을 만들어 열쇠를 복제하는 장면을 본 적이 있다. 어린 마음에 '참 똑똑하다'고 생각했던 기억이 난다. 나중에 나도 열쇠를 잃어버려서 예비 열쇠를 들고 열쇠 가게를 찾은 적이 있다. 열쇠 수리공 아저씨는 열쇠를 복제 기계의 한쪽 선반에 고정하고, 반대편에는 같은 종류의 열쇠 밑판을 끼운 다음 몇 번 조정하다가 전원을 켰다. 그러자 기계가 예비 열쇠의 구조를 따라가며 앞뒤로 열쇠 밑판을 깎아 새로운 열쇠

를 만들어 냈다. 틀이 없어도 복제가 가능하다는 사실을 그때 처음 알게 되었다.

틀을 이용하는 방식과 샘플 자체를 기반으로 만드는 이 두 가지 복제 방식은 나중에 DNA를 공부하면서 다시 접하게 되었다. 1953년 왓슨과 크릭이 DNA 이중 나선 구조를 밝혀냈을 때, 그들은 염기 A, T, G, C가 A:T 또는 G:C 형태로 결합하여 상보적 염기쌍을 이룬다는 사실과 함께 DNA의 반보존적 복제 메커니즘을 발견했다. 즉, 이중 나선이 풀리면 두 가닥이 각각 하나의 주형이 되어 상보적 염기 서열의 새로운 가닥을 합성함으로써 복제가 이루어지는 방식이다.

처음에 왓슨과 크릭은 염기의 상보성 개념을 생각해 내지 못했다. 왓슨은 자신의 저서 『이중 나선 Double Helix』에서 처음에는 동일한 염기끼리 결합하는 모델(A-A, T-T, G-G, C-C)을 생각해 냈다고 밝혔다. 그는 이 모델을 아주 좋아했는데, 그 이유는 DNA가 어떻게 복제되는지 설명할 수 있기 때문이다. 즉, 두 가닥이 풀리면 각각 샘플(틀이 아닌)처럼 작용하여 같은 염기 서열의 새로운 가닥을 복제할 수 있다. 이건 마치 열쇠 수리공 아저씨가 복제기를 사용해 열쇠를 만드는 방식과 닮았다. 하지만 이 모델은 곧 실험적 사실과 맞지 않아 폐기되었다.

사실 유전자의 상보적 복제를 처음으로 제안한 사람은 왓슨과 크릭이 아니라, 그들의 경쟁자였던 라이너스 폴링이었다. 폴링은 캘리포니아 공과대학교에서 단백질 구조를 연구하던 중, 동물의 면역 항체와 항원 사이의 상호 작용에서 구조적 상보성을 수반한다고 보았고, 촉매 반응을 수행하는 효소와 기질 사이의 상호 작용역시 공간적 상보성을 수반한다는 개념을 주장했다. 그는 이 개념을 유전자 복제로 확장시켰다.

이중 나선 구조가 발표되기 5년 전, 그는 '분자 구조와 생명 과정'이라는 주제의 연설에서 이렇게 말했다.

"일반적으로 복제의 주형으로 사용되는 유전자나 바이러스는 서로 다르지만 상보적인 구조를 생성합니다. 물론 어떤 분자는 우연히 주형과 동일하면서 동시에 상보적인 구조를 가질 수도 있습니다. 하지만 이런 경우는 일반적으로 잘 발생하지 않을 것으로 보입니다. 다만 다음과 같은 경우를 제외하고는 주형이 되는 분자(유전자 또는 바이러스)의 구조가 두 부분으로 나뉘어 있고, 그 두 부분이 서로 상보적이라면, 각 부분이 서로 주형이 되어 상대방의 복제품을 만들 수 있습니다."

그가 말한 것은 바로 이중 나선의 구조와 복제 메커니즘이었다. 그가 '잘 발생하지 않을 것'이라고 본 현상은 사실 지구상의 모든 세포에서 이미 일어나고 있었다.

폴링이 제안한 유전자 복제 모델은 실험 없이 순수한 논리적 추론만으로 도출된 뛰어난 아이디어였다. 그러나 유감스럽게도 훗날 그가 직접 DNA 모델을 만들 때는 이 아이디어를 적용하지 못했다. 아마도 그 역시 당시 많은 과학자처럼 유전자의 본체가 단백질이라는 생각에 사로잡혀 있었기 때문이거나 왓슨과 크릭만큼 DNA가 유전 물질임을 확신하지 못했기 때문일 수도 있다.

그 무렵, 오즈월드 에이버리 Oswald Avery 와 앨프리드 허시 Alfred Hershey 의 연구실은 이미 DNA가 유전 물질이라는 사실을 지지하는 증거를 제시했지만, 많은 과학자는 여전히 DNA를 '멍청한 분자'로 여겼고, 유전자를 구성하는 물질이 될 수 없다고 생각했기에 그 존재를 받아들이지 않았다. 그러다 왓슨과 크릭이 이중 나선 구조를 제시하면서 사실은 DNA가 '아주 영리한 분자'라는 것이 밝혀졌다.

염기의 상보적인 원리는 음양의 조화를 나타내는 태극도에서도 볼 수 있다. 음의 윤곽선을 그리면 양의 윤곽선이 나오고, 그 반대도 마찬가지다. 네덜란드의 예술가 모리츠 코르넬리스 에셔 M.C. Escher 는 이 음양의 상보성을 잘 활용해 놀라운 작품을 창조했다. 아래 삽화 속 작품은 그의 초기 목판화 중 가장 뛰어나다고 평가받는 〈낮과 밤 Day and Night〉으로, 네덜란드풍 마을 사이에 있는 직사각형

밭이 점차 반대 방향으로 날아가는 거위의 실루엣으로 교묘하게 전환된다. 검은 거위는 왼쪽으로, 하얀 거위는 오른쪽으로 날아가는 형상이 완벽한 상보성을 이룬다.

3

과학적 정신과
연구 태도

과학자는 정답을 주는 사람이 아니라,

올바른 질문을 던지는 사람이다.

올바른 질문을 하면

정확한 출발점에서 시작할 수 있고,

핵심을 정확히 파악하고

올바른 시각으로 접근할 수 있으며,

길을 잃거나 좌절하게 만드는

잘못된 길을 피할 수 있다.

우리가 지식을 계속 확장해 나갈수록,

우리는 미처 생각하지 못했던 것과

도저히 상상하지 못했던 것들을

끊임없이 발견하게 될 것이다.

25

제대로 말하고, 제대로 하자

제대로 할 시간이 없는데,

다시 할 시간은 어디 있겠는가?

— 존 우든John Wooden, 미국의 전설적인 농구 감독

내가 미국 캘리포니아주 샌디에이고에 있는 스크립스 연구소TSRI에서 박사 과정을 마친 후 연구원으로 있을 때, 찰스Charles Thomas, Jr. 교수가 연구실에서 자주 했던 말이 있다.

"말은 할 거면 처음부터 제대로 하고, 일을 할 거면 처음부터 제대로 하자."

왜 말은 처음부터 제대로 해야 할까? 토마스 교수는 이렇게 설명했다.

"말을 너무 급하게, 아무렇게나 하다가 틀리면 물론 바로잡으면 된다. 하지만 그 과정에서 듣는 사람은 혼란스러울 수 있다. 차라리 처음부터 신중하게 말해서 정확하게 전달하는 것이 낫다."

3. 과학적 정신과 연구 태도

그는 과학을 이야기할 때 항상 침착했고, 단어 하나하나를 정확하고 명확하게 골라 사용했다. 나는 그가 강의를 준비하며 써둔 노트를 본 적이 있다. 그는 서두부터 마무리 멘트까지 연필로 꼼꼼하게 적었는데, 수정하기 편하도록 몇 장에 걸쳐 세세하게 준비했다. 노련한 교수님조차 이토록 신중하게 준비하는데, 이제 막 시작한 내가 어떻게 대충할 수 있겠는가?

일도 마찬가지다. 가능한 처음부터 제대로 해야 한다. 과학 실험은 대부분 여러 번 반복해서 진행하는데, 반복된 실험에서 결과가 일관되거나 유사할 때만 비로소 결론에 대한 확신이 생기고 논문의 신뢰성도 얻을 수 있다. 만약 실험을 대충 해서 첫 결과는 부정적이었는데, 두 번째는 긍정적인 결과가 나왔다면 둘 중 어느 쪽을 믿어야 할까? 그 이후로도 실험을 계속했는데, 긍정적인 결과와 부정적인 결과가 번갈아 나왔다면 어느 쪽을 믿어야 할까? 그 결과에 안심할 수 있을까? 아니면 또다시 실험을 진행해서 결과를 도출해야 하는 걸까? 토마스 교수님의 말대로 처음부터 제대로 정확하게 실험했다면, 이런 번거로움 없이 결과를 확신할 수 있었을 것이다.

생물학사에 유명한 사례로 남은 실험을 살펴보자. 1957년 미국 캘리포니아 공과대학의 매슈 메셀슨과 프랭클린 스탈은 초고속 원심 분리기를 이용해 DNA의 반보존적 복제semi-conservative replication

모델을 실험했다.

　그들은 상호 보완적인 실험을 설계했다. 첫 번째 실험에서는 먼저 DNA에 가벼운 질소 동위 원소인 ^{14}N을 표시한 뒤 더 무거운 질소 동위 원소인 ^{15}N으로 전환하는 방식이었고, 두 번째 실험은 순서를 반대로 하여, 먼저 ^{15}N을 사용한 다음 ^{14}N을 사용하는 방식이었다. 당시 스탈은 교수직 면접을 위해 미주리주에 가 있었고, 메셀슨은 기다리기 싫어서 혼자 두 실험을 동시에 진행하기로 했다. 스탈은 두 실험을 같이 하면 헷갈릴 테니 꼭 따로따로 진행하라고 당부했지만, 메셀슨은 그의 조언을 무시하고 두 실험을 동시에 진행했다. 결과는 실패였다. 메셀슨은 소중한 ^{15}N 시약만 낭비하고 제대로 된 결과를 얻지 못했다. 나중에 그들은 실패를 교훈 삼아 한 번에 하나씩, 철저하게 실험을 진행했고, 그 결과 성공적인 결과를 얻을 수 있었다.

　이 이야기에서 드러난 실수는 이론이나 가설 자체의 문제가 아니라 실험을 수행하는 과정에서 부주의로 발생한 실수로, 이는 충분히 방지할 수 있는 인위적인 실수였다. 이론과 가설은 특정 현상을 설명하는 것이기 때문에 본질적으로 불확실성은 존재할 수밖에 없다. 즉, 이론과 가설은 애초부터 틀릴 가능성이 있다. 따라서 그 정확성을 검증하기 위해서는 실험은 정확하고 신중하게 수행되어야 한다. 검증을 위한 실험은 신뢰성을 확보해야 한다.

나 역시 컴퓨터로 글을 쓰면서 TV를 본다든가 두 가지 일을 동시에 하는 경우가 많다. 현대의 컴퓨터는 멀티태스킹이 잘 되지만, 인간은 그렇지 않다. 우리는 컴퓨터보다 훨씬 쉽게 실수하며, 동시에 두 가지 이상의 일을 할 때 실수할 가능성도 훨씬 높다. 그래서 어느 순간부터는 'delete 키'만 계속 누르게 된다.

돌이켜 보면 지금까지 나의 과학 여정에서 토마스 교수님의 이 말은 깊은 영향을 주었다. 그리고 이제는 나 역시 학생들을 격려할 때 그 말을 자주 인용하곤 한다. 처음부터 제대로 말하지 않고, 제대로 실험을 진행하지 않으면 혼란을 초래하게 되고 효율도 떨어진다고 말이다.

말을 할 때는 충분히 생각한 후에 천천히 말하고, 실험할 때는 철저히 준비한 후에 신중하게 수행하도록 하자.

26

무엇을 묻고, 어떻게 물을 것인가?

올바른 질문을 하면, 어려운 문제의 절반은 이미 해결된 것이다.

— 카를 융Carl Jung, 스위스의 심리학자

한 남자가 작업실에서 열심히 무언가를 만들고 있었다. 친구가 다가와 무엇을 하고 있는지 묻자, 그가 대답했다.

"집에 쥐가 너무 많아. 오래된 쥐덫은 소용이 없어서 더 나은 쥐덫을 만들고 있어."

그러자 친구가 다시 물었다.

"고양이를 키우는 건 생각 안 해 봤어?"

이 이야기는 '더 나은 쥐덫을 만드는 방법'이라는 기술적인 해결에만 몰두하다가 결국 문제의 본질(쥐를 잡는 것)을 놓치고 마는 좁은 시야를 가진 사람을 풍자하고 있다.

연구실에서도 학생들이 기술적인 문제를 들고 와서 상담할 때면 나는 먼저 이렇게 묻곤 한다.

3. 과학적 정신과 연구 태도

"그 기술을 사용하려는 목적이 뭐지?"

목적이 분명해야 목적을 달성하는 데 그 기술이 정말 필요한지, 아니면 다른 방법이 더 적절한지를 분별할 수 있고, 때로는 애초에 그 실험 자체가 필요한지 아닌지 판단할 수도 있다. 우리가 '어떻게 할까'를 고민할 때는 반드시 '왜 그것을 해야 하는가'도 함께 되짚어 보아야 한다. 왜냐하면 '무언가를 하는 것'이 항상 유일하거나 최선의 해결책은 아닐 수 있기 때문이다. 이런 사고방식은 우리가 문제의 본질로 돌아가 생각을 확장하는 데 도움이 된다.

프랑스의 철학자 클로드 레비스트로스Claude Lévi-Strauss는 "과학자는 답을 주는 사람이 아니라 올바른 질문을 하는 사람이다."라고 말했다. 올바른 질문은 우리를 정확한 출발점으로 이끌어 주고, 정확한 각도에서 문제의 핵심을 파악하게 하며, 잘못된 방향으로 빠지거나 길을 잃어버리는 위험을 줄여 준다.

뉴턴이 사과나무 아래에 앉아서 사과가 떨어지는 것을 보고 모든 물체가 서로 끌어당기는 힘을 가진다는 생각을 떠올렸다는 일화는 좋은 질문의 힘을 보여 준다. 뉴턴의 친구 윌리엄 스터클리 William Stukeley는 다음과 같이 회고했다.

"우리는 저녁 식사를 마치고 정원으로 나가 사과나무 아래에서 차를 마셨어요. 그와 저 둘뿐이었어요. 한창 대화를 나누던 중 그가 전부터 사과나무에서 사과가 떨어지는 걸 보고 왜 사과는 항상 수직으로 땅에 떨어지는 것인지, 왜 옆이나 위로 떨어지지 않고 항상 지구 중심으로 떨어지는지 의문이 들었다고 했어요."

뉴턴의 이 단순한 질문이 인류 역사에 길이 남을 과학적 대발견, 만유인력의 법칙으로 이어졌던 것이다.

19세기 초, 영국의 존 돌턴John Dalton도 연구 결과에 대해 이와 비슷한 의문을 제기했다.

'왜 수용성 기체마다 부피가 다를까?'

그는 각각의 기체를 구성하는 단위가 특정한 '궁극적인 미립자'로 이루어져 있고, 그 입자의 무게와 크기가 다르기 때문이라고 생각했다. 이 가설에서 출발하여 그 입자를 원자라고 명명하며 최초로 원자론을 제창했으며, 현대 화학의 기초를 마련했다.

1987년 당시 양명의학원(현 국립양명교통대학 의과대학)에 막 부임해서 학생들과 함께 토양 박테리아인 스트렙토미세스를 연구하기 시작했다. 그때 한 가지 의문점이 생겼다. 스트렙토미세스의 유전에는 특이한 현상이 있는데, 그것은 염색체의 넓은 영역이 매우 불안정해서 쉽게 삭제된다는 점이다. 이는 다른 박테리아에서는 드문 현상이긴 했다. 도대체 어떤 특별한 구조나 메커니즘이 작동하고 있는 것일까?

우리는 연구를 계속 이어 갔고, 결국 스트렙토미세스의 염색체가 놀랍게도 다른 세균들과 달리 환형이 아니라 선형 구조라는 사실을 발견했다. 그리고 불안정한 영역은 이 염색체의 끝부분에 위치해 있었다. 이 발견은 당시 모두를 깜짝 놀라게 했다.

위의 예시들은 모두 관찰이나 실험 결과를 바탕으로 좋은 질문을 던지고, 검증 가능한 가설을 세운 후 다시 실험을 통해 결과를 검증해 낸 경우다. 하지만 때로는 과학자의 머릿속에 떠오른 구상이나 아이디어를 실제로 관찰하거나 실험으로 확인할 수 없는 경우도 있다(적어도 당시에는). 이럴 때는 이른바 '사고 실험 thought experiment'이라는 방법을 사용할 수 있는데, 아인슈타인도 젊었을 때 이런 사고 실험을 한 적이 있다. 그는 만약 자신이 빛의 속도로 움직일 수 있다면 어떤 풍경을 볼 수 있을지 상상해 봤다고 한다. 이 사고 실험은 훗날 그가 일반 상대성 이론을 발전시키는 데 중요한 역할을 했다.

좋은 질문을 하는 것 외에도 상대방에게 질문할 때 그 방식 또한 매우 정확해야 한다. 고양이와 관련된 일화를 살펴보자.
'고양이는 벽에서 뛰어내린 뒤, 왼쪽과 오른쪽을 차례로 살핀 다음 앞으로 걸어간다. 그 이유는 무엇일까?'

고양이가 차가 오는지 확인하기 위해 좌우를 살핀다고 말하는 사람도 있었고, 누가 고양이를 불러서 왼쪽, 오른쪽을 살피는 것이라고 말하는 사람도 있었다. 그러나 진짜 이유는 '고양이는 양쪽을 동시에 볼 수 없기 때문에 왼쪽을 보고, 다시 오른쪽을 본다'는 것이다.

이 예상치 못한 답은 다소 황당하지만 꽤나 논리적이다. 고양이나 사자, 인간 등 포식자는 모두 두 눈이 머리 앞쪽에 위치해 있어서, 양쪽 눈의 시야가 넓게 겹친다. 이로 인해 풍경을 입체적으로 인식할 수 있으며, 사냥감의 거리를 정확하게 판단할 수 있다. 이러한 구조는 좌우 양쪽을 살피기 위해 반드시 고개를 돌려야 하는 대가를 수반한다. 반대로 토끼나 말, 양과 같은 피식자는 두 눈이 머리 양옆에 있어서 언제든지 넓은 시야로 주변을 감시하며 포식자의 위협을 감지할 수 있다. 따라서 앞서 언급한 고양이 문제의 답변이 토끼에게는 적용되지 않는다. 토끼는 좌우를 동시에 볼 수 있기 때문이다.

곰곰이 생각해 보면, 세 가지 답변 모두 서로 다른 관점에 초점을 맞춘 것으로 논리적으로 보면 모두 틀리지 않았다. 그렇다면 왜 동일한 질문에 여러 개의 그럴듯한 답이 나오는 것일까? 그 이유는 질문 자체가 충분히 명확하지 않고 질문 속의 '왜'가 무엇을 묻고 있는지 분명하지 않기 때문이다. '왜 앞으로 가기 전에 좌우를 먼

163

3. 과학적 정신과 연구 태도

저 둘러보는 것일까?'를 묻는 것인지, '왜 왼쪽을 먼저 보고 그다음에 오른쪽을 보는 것일까?'를 묻는 것인지, 아니면 '왜 양쪽을 동시에 보지 못하는 것일까?'를 묻는 것인지 질문 자체가 명확하지 않다. 그러면 대답하는 사람도 각자 자신이 이해한 대로, 생각한 대로 대답할 수밖에 없다.

어떤 사람은 고양이가 왜 양쪽을 본 다음 앞으로 가는지를 설명했고, 또 어떤 사람은 왜 왼쪽을 먼저 보고 그다음에 오른쪽을 보는지를 설명했다. 하지만 이 질문의 진짜 의도는 '왜 양쪽을 동시에 보지 못하는가?'에 있다. 만약 답변자가 빈틈없고 정확한 것을 선호하는 사람이었다면 질문자에게 도대체 무엇을 묻고자 하는지를 먼저 명확히 해 달라고 요청하고, 그에 맞는 답을 생각했을 것이다. 물론 정확함을 추구하는 사람만 있다면 이런 애매모호한 질문 자체가 사라질지도 모르겠다.

명확하지 않은 질문은 우리가 평소에 질문을 제대로 하지 않는 태도와 습관으로 인해 나타난다. 일상에서 우리가 던지는 질문들은 종종 명확하지 않아서 효율성을 떨어뜨리거나 때로는 웃음을 유발하기도 한다. 재미있는 예를 하나 살펴보자. 어떤 할머니가 버스 기사를 우산으로 툭 치며 '여기가 어디죠?'라고 물었다. 그러자 버스 기사가 대답했다.

"여기는 제 갈비뼈입니다."

과학적 사고로 여는 새로운 세계

일상에서는 웃고 넘어갈 수 있지만, 공식적인 상황에서는 심각한 결과를 초래할 수 있다.

시험 문제가 앞에서 언급한 고양이 관련 질문처럼 명확하지 않고 애매하게 기술되어 있다면 학생들은 대혼란에 빠지고 말 것이다. 구술시험이라면 선생님에게 질문에 대한 설명을 요청할 수 있지만, 필기시험이라면 엉뚱한 답을 적을 수밖에 없다.

타이완에서 교육을 받고 자란 학생들은 질문하기를 그다지 좋아하지 않는다. 내가 미국에서 박사 과정을 할 때, 학과에서 매주두 번씩 교수와 학생들이 각자의 연구 결과나 논문을 읽고 느낀 점을 발표하는 시간이 있었다. 상호 작용 속에서 진행되는 설명과 변증, 토론은 매우 중요한 학습 도구로 활용되기 때문에 교수들은 학생들이 적극적으로 질문하도록 유도하고 격려한다. 그때 나도 한가지 목표를 세웠다. '모든 발표를 들을 때마다 꼭 한 번은 질문하자!' 아무래도 영어로 질문해야 했다 보니, 미리 말할 내용을 머릿속으로 문장을 만들고 어떻게 하면 명확하고 논리적으로 표현할수 있을지 고민하고 연습했다. 처음에는 용기가 필요했지만, 연습을 거듭할수록 점점 익숙해졌고 좋은 습관도 생겼다. 무엇보다 좋은 질문을 해야 했기 때문에 매번 진지한 태도로 참여했다.

그 후로 나 역시 학생들에게 항상 용감해지라고 말한다.

"'벌거벗은 임금님' 이야기처럼, 모든 사람이 침묵할 때도 어린아이처럼 궁금한 것을 솔직하게 표현할 줄 아는 용기를 가져야 한다."

철학자 랠프 월도 에머슨Ralph Waldo Emerson은 이렇게 말했다.

"상대방이 목소리를 높일 때, 우리는 더욱 침착하게 우리 안의 생각을 지켜야 한다. 그렇지 않으면 내일 어떤 낯선 사람이 우리가 계속 생각하고 느껴왔던 바를 더 유창하게 말하는 걸 듣게 될 것이고, 부끄럽게도 우리는 자신의 생각을 남에게서 다시 받아들이는 처지가 될 것이다."

설령 내가 틀렸다는 것을 알게 되더라도, 그 경험에서 반드시 무언가를 배우게 될 것이다.

많이 질문할수록, 더 많이 실수하고, 또 더 많이 배우게 된다. 학습 과정에서 자신의 무지함을 드러내는 것을 두려워하지 말자. 모르면 모른다고 하자. 그래야 선생님도 제대로 가르쳐 줄 수 있다.

우리는 단순히 정답만 외우는 사람이 아니다. 스스로 질문하고, 올바른 질문을 던질 줄 아는 사람이 되어야 한다.

27
생각지도 못한 것과 생각나지 않은 것

나는 다양한 사물에 대해 대략적인 해답, 가능성 있는 신념

그리고 다양한 정도의 불확실성을 가지고 있다.

— 리처드 파인먼

"어젯밤 9시에는 달이 하얗게 보였는데, 오늘 같은 시간에는 왜 주황색으로 보였을까?"

이 문제는 1970년 미국 텍사스대학교에서 분자 생물학 박사 과정을 하던 시절, '거대 분자 물리 화학' 수업의 중간고사에 출제된 문제 중 하나였다. 이 과목은 세포 내 핵산, 단백질, 탄수화물, 지방 등의 중합체 물질의 물리적 구조와 기능을 다루었고, 이 문제를 출제한 사람은 광학 전문가 도널드 그레이Donald Gray 교수였다.

나는 이 문제가 광파의 흡수와 산란 현상과 관련되어 있다는 걸 알고 있었다. 물체의 색상은 대개 빛의 파장에 따른 흡수와 산란 현상에 의해 달라진다. 햇빛 아래에서 물체가 모든 파장의 가시광선을 흡수하지 않고 일부만 산란시키면 흰색으로 보이고, 반대로 완전히 모든 빛을 흡수해서 산란하지 않으면 검은색이 되며, 일부만 흡수하고 부분적으로 산란시키면 산란된 색이 나타난다. 하늘이 파랗게 보이는 이유는 햇빛이 대기권을 통과할 때 기체 분자와 부유 입자에 의해 산란되기 때문이다. 빛의 파장이 짧을수록 산란이 강해진다. 파란색 빛은 파장이 가장 짧아서 가장 많이 산란되어 하늘이 파랗게 보이는 것이다. 해 질 무렵의 해와 그 주변 하늘이 붉게 보이는 이유는 햇빛이 비스듬히 들어오면서 대기권을 더 길게 통과하고, 그 과정에서 파란빛이 많이 산란되어 없어지고 붉은 빛만 남기 때문이다.

'오늘 밤 9시의 달은 어젯밤 같은 시간의 달보다 더 낮은 위치에 있어서, 달빛이 대기권을 통과하는 경로가 더 길어지고, 이로 인해 파란빛이 더 많이 산란되어 달이 주황빛으로 보이는 것이다.'

나는 위와 같이 답안을 작성한 후 시험지를 제출했다. 며칠 뒤 그레이 교수는 채점을 마친 시험지를 다시 돌려주면서 원래 자신이 의도했던 정답을 얘기해줬다.

"오늘 밤 대기 오염이 심해서 부유 입자가 더 많아졌고, 그로 인해 파란빛이 더 많이 산란되었기 때문이네."

그러나 그는 달의 움직임과 지구의 자전 관계를 미처 고려하지 못했다며 내 답변도 나름대로 일리가 있다며 만점을 주었다.

과학적 사고로 여는 새로운 세계

이 경험을 통해 나는 두 가지 중요한 교훈을 얻었다. 하나는 과학자는 논리적이라고 생각되면 논리에 따라 합리적으로 답을 잘 받아들인다는 점이다. 다른 하나는 과학적 추론은 완벽할 수 없어서 종종 어떤 가능성을 간과하게 된다는 점이다. 추상적 이론을 제외하면, 현실 세계에서 어떤 사건의 원인을 완벽하게 파악하는 것은 거의 불가능하다. 우리는 전지전능한 존재가 아니기 때문이다.

셜록 홈스의 유명한 말이 있다.

"불가능한 모든 것을 제거하면 남아 있는 것은 제아무리 가능성이 낮아 보여도 사실임이 틀림없다."

하지만 나는 이 말을 들을 때마다 어딘지 모르게 어색하다고 느낀다. 우리가 어떻게 '모든' 가능성을 알 수 있을까? 어떤 사건이 발생하는 이유는 명확할 때도 있고, 그렇지 않을 때도 있으며, 심지어 예상치 못한 원인일 수도 있다. 그런데 우리가 어떻게 그것들을 모두 안다고 확신할 수 있을까? 모든 가능성을 모른다면, 어떻게 '모든 불가능을 제거'할 수 있을까?

현대 열역학의 아버지인 물리학자 윌리엄 톰슨William Thomson(후에 켈빈 남작)은 다음과 같은 실수를 한 적이 있다. 한때 다른 과학자들과 지구의 나이에 대해 논쟁을 벌였는데, 그는 지구가 뜨거운 불덩어리에서 지금의 온도까지 식는 데 걸리는 시간을 계산하여, 지구의 나이는 4억 년을 넘지 않는다고 주장했다. 이 수치는 당시 지질학자나 다윈을 비롯한 진화론자의 추정치보다 훨씬 작은 숫자였다. 하지만 그는 자신의 주장이 옳다며 '다른 가능성은 없다'고 고집했다.

지금 우리는 지구의 나이를 약 45억 년으로 추정하고 있다. 톰슨의 계산은 완전히 빗나갔다. 사실 그가 알지 못하는 '다른 가능성'이 있었기 때문이다. 당시 아직 방사선이 발견되지 않았고, 과학자들은 지구 지각에 많은 방사성 물질이 존재한다는 사실을 전혀 몰랐다. 방사성 붕괴 과정에서 방출된 열이 지구의 냉각 속도를 늦춘 것이다. 게다가 그는 지구를 완전히 고체로 된 밀폐된 시스템으로 보았으며, 대류에 의한 열전달 가능성도 무시했다.

우리가 과학적 추론을 할 때는 항상 가설에 대해 겸손해야 하고 모든 합리적인 가능성을 열어두어야 한다. 자신이 알고 있는 것이 전부라고 생각해서는 안 된다. 과학의 역사는 지식을 넓혀 갈수록 우리가 예상하지 못했던 것들을 새롭게 발견하게 된다는 사실을 일깨워준다.

28

인과 관계에 대한 착각

들소는 우리가 생각하는 것만큼 위험하지 않다.

통계에 따르면 미국에서는 들소에 치여 죽는 사람보다

자동차에 치여 죽는 사람이 더 많다.

— 아트 부치월드Art Buchwald, 미국의 작가

지금은 담배를 끊은 지 오래됐지만, 젊고 혈기 왕성하던 시절에는 자주 담배를 피웠다. 카드놀이를 하거나 수다를 떨 때, 당구를 치거나 심지어 강연을 들을 때도(주변 사람이 싫어하더라도) 담배를 피웠다.

그 시절만 해도 담배는 많은 나라에서 군대 보급품으로 지급되기도 했다. 그리고 담배와 질병 사이의 연관성이 이미 점점 드러나고 주목받기 시작하던 때였다. 담배가 널리 보급되기 시작한 20세기 초까지만 해도 폐암이 드물었다. 그러나 이후 반세기 동안 폐암 환자 수가 급격히 증가하면서 사람들은 이 현상이 담배의 유행과 관계가 있을 거라고 의심하기 시작했다.

　1950년, 영국 옥스퍼드대학의 리처드 돌Richard Doll과 통계학자 브래드포드 힐Bradford Hill은《영국 의학 저널British Medical Journal》에 논문을 발표했는데, 이 통계 데이터를 바탕으로 폐암과 흡연 사이에 유의미한 상관관계가 있음이 밝혀졌다. 이후 세계 곳곳에서 유사한 연구가 이루어지기 시작했다. 모든 데이터가 흡연자가 비흡연자보다 폐암에 걸릴 확률이 훨씬 높다는 사실을 반복해서 보여 주었다. 또 이 위험성은 누적 흡연량과 밀접하게 관련되어 있었다.

　일반인의 경우 이 논문만 보면 흡연이 폐암을 유발한다고 쉽게 결론지을 수 있다. 하지만 과학적 관점에서 엄밀히 따져 보면 그렇지 않다. 통계적 상관관계가 인과 관계를 의미하는 것은 아니기 때문이다. 두 변수 간에 인과 관계가 있다는 말은 한 변수(결과)가 다른 변수(원인)로 인해 발생한다는 뜻이다. 통계학은 변수들 사이의 상관관계의 강도를 측정할 수는 있지만, 그들 사이에 어떤 인과 관계가 있는지, 또 어떤 것이 원인이고 어떤 것이 결과인지까지 파악하기는 힘들다.

　일부 통계적 상관관계는 간접적인 경우도 있다. 즉, 두 변수 간에 상관관계가 나타나는 것은 각각이 제3의 변수와 관련되어 있기 때문이다. 예를 들어, 통계적으로 아이스크림 판매량과 열사병 환자 수가 비슷하게 오르내리지만, 우리는 아이스크림을 먹어서 열사병에 걸린다고 생각하지 않는다. 두 변수 모두 온도라는 공통된 '원인'에 의해 영향을 받기 때문이다.

마찬가지로 흡연과 폐암 사이의 상관관계도 어쩌면 숨겨진 제3의 변수가 개입한 결과일 수도 있다. 실제로 통계학자이자 유전학자인 로널드 피셔Ronald Fisher는 어떤 사람들은 체질상 폐암에 걸리기 쉽고, 흡연을 좋아하는 성향을 갖고 있을 수 있다고 주장했다. 즉, 흡연이 폐암을 유발한 것이 아니라, 특정 체질이 폐암을 유발했을 수도 있다는 말이다. 이 가설을 검증하려면 엄청나게 어려운 실험이 필요하다. 사람들의 의사와 관계없이 무작위로 한 집단에게는 억지로 담배를 피우게 하고, 다른 집단에게는 흡연을 하지 않도록 한 뒤, 무작위로 표본을 추출해서 폐암 발병률을 비교해야 한다. 이런 인위적인 인체 실험은 현대 사회에서는 불법으로 금지되어 있다. 게다가 폐암의 발생 메커니즘은 매우 복잡하다. 개인의 유전적 요인 외에도 외부 환경, 즉 공기 질도 큰 영향을 미친다. 평생 담배를 피워도 폐암에 걸리지 않는 사람이 있는가 하면 담배를 피우지 않아도 폐암에 걸리는 사람도 있기 때문이다.

흡연과 폐암 사이의 인과 관계는 결국 많은 실험과 임상 연구를 통해 증명되었다. 화학적 분석을 통해 담배 연기에 다수의 발암 물질이 포함되어 있어서 담배를 많이 피울수록 발암 물질에 더 많이 노출되어 폐암(또는 다른 암)에 걸릴 확률이 높아진다는 사실이 밝혀졌다.

숨겨진 변수와 관련된 몇 가지 사례를 더 살펴보자. 통계적으로 술을 많이 마시는 사람일수록 폐암 발생률이 높다. 하지만 이는 술을 마시는 것이 폐암을 유발한다는 뜻은 아니다. 흡연자 중에서 음주자의 비율이 비흡연자보다 높고, 음주자 중에서는 흡연자의 비율도 비음주자보다 높다(이른바 '술과 담배는 떼려야 뗄 수 없는 사이'라는 말은 증명이 된 셈이다).

또 다른 흥미로운 사례도 있다. 어느 고산 지역은 공기가 맑고 주민들이 오랫동안 건강한 식생활을 해 왔는데도 이 지역의 암 발생률이 전국 평균보다 높게 나왔다. 그렇다고 맑은 공기와 건강한 식사가 오히려 암을 유발한다고 해석할 수 있을까? 당연히 아니다. 진짜 이유는 이 지역 사람들의 수명이 길기 때문이다. 나이는 암에 걸릴 확률을 높이는 가장 커다란 위험 요인 중 하나이기 때문이다.

어떤 변수들은 강한 상관관계를 보이더라도 그 방향성을 판단하기 어려운 경우도 있다. 예를 들어, 통계적으로 결혼한 사람이 미혼자보다 행복하다는 결과가 있다. 그렇다면 결혼이 사람을 행복하게 만드는 걸까? 아니면 행복한 사람이 결혼을 좋아하거나 결혼한 가능성이 더 높은 것일까? 이것은 쉽게 밝혀낼 수 없다. 우리가 통제된 대조 실험을 수행할 수 없기 때문이다.

더 문제가 되는 것은 때로는 통계 조사 그 자체가 연구 대상 변수에 영향을 미칠 수 있다는 것이다. 대표적인 사례가 정치 여론 조사인데, 여론 조사 결과는 조사 대상 변수에 영향을 준다. 관찰 행위 자체가 관찰 대상을 바꾸는 이 현상은, 마치 양자역학의 '불확정성 원리'와도 비슷하다.

3. 과학적 정신과 연구 태도

29

불필요한 것을 걷어 내고 정수를 남겨야 한다

몇 년 전, 장인어른과 장모님이 큰처남 가족과 우리 가족까지 총 10명을 점심에 초대하셨다. 식사 도중 장인어른이 '거울 속의 사람'을 한 글자로 표현하면 무엇인지 수수께끼를 내셨다. 어른 5명과 아이들 4명이 서로 머리를 맞대고 답을 찾기 시작했다. 우리 중 누군가가 '囚(갇힐 수)'라고 대답했지만, 정답이 아니었다. 장인어른은 거울이 꼭 네모일 필요는 없다고 힌트를 주셨다. 또 다른 사람이 '我(나 아)'라고 대답했지만 역시 오답이었다. 장인어른은 또 다른 힌트로 거울 속 인물이 꼭 자기 자신일 필요는 없다고 하셨다. 그때 네 살 된 아들이 아내의 팔을 살짝 당기며 조심스럽게 말했다.

"엄마, 'ㅅ(들 입)' 아니야?"

장인어른은 깜짝 놀라며 '정답'을 외치셨다. 그렇게 해서 가장 어린 친구가 현장에 있던 어른 5명과 초등학생 사촌 누나들 3명을 모두 이겼다.

아내는 상황 설명을 덧붙였다.

"얘가 지금 '一(하나), 二(둘), 三(셋), 人(사람), 口(입)' 같은 간단한 한자 몇 개를 배우고 있거든. 전에 영화관에서 'ㅅ口(입구)'라는 글씨를 보더니, '엄마, 이거 '인구(人口)' 아니야?'라고 물은 적이 있었어. 그때 '아니야, 이건 '인구'가 아니라 '입구'야. 'ㅅ(입)'은 '人(인)'을 반대로 쓴 거야.'라고 설명해 줬었어. 아마 그때 기억 덕분에 'ㅅ(입)'자를 떠올린 게 아닐까 싶어. 근데 마침 그게 수수께끼의 정답이었네."

나중에 생각해 보니 우리도 조금 더 시간을 들여 고민했다면 정답을 찾을 수 있었을 것이다. 문제는 우리가 고민해야 할 글자의 수가 훨씬 더 많다는 점이다. 일반적으로 어른이 수천 개의 한자를 알고 있고, 초등학생도 수백 개는 알고 있을 것이다. 우리는 이 방대한 데이터베이스 속에서 답을 찾아야 하지만, 아들은 겨우 열 자 남짓한 범위 내에서만 검색하면 됐기 때문에 훨씬 빠르고 수월하게 찾아냈을 것이다. 이 이야기는 데이터베이스가 크다고 반드시 좋은 것은 아니라는 것을 말해 준다. 필요를 충족할 수 있다면 짧고 간결하게 하는 것이 가장 좋다.

1970년대, 미국의 미래학자 앨빈 토플러^{Alvin Toffler}는 그의 저서 『미래의 충격^{Future Shock}』에서 제한된 시간 안에 지나치게 많은 양의 정보를 사용해 의사 결정을 내릴 때 발생하는 효율성과 품질의 저하를 설명하기 위해 '정보 과부하'라는 용어를 사용했다. 반세기가 지난 지금, 정보 과부하 문제는 훨씬 더 심각해졌다. 인터넷의 폭발적인 발전으로 정보는 과도하게 확산되고, 모든 대중이 방대한 정보에 노출되었다. 정보가 많을수록 검색 시간이 길어지고, 그럴듯하지만 잘못된 정보에 현혹될 가능성도 커졌다. 전자의 경우 효율성만 낮아질 뿐 하드웨어나 소프트웨어 기술로 어느 정도 개선할 수 있지만, 후자는 잘못된 결정이나 행동으로 이어질 수 있다. 현재로서는 불필요한 정보를 효과적으로 걸러 내는 자동화된 시스템이 여전히 부족한 상황이다.

지구상의 생물들은 40억 년에 걸쳐 정보를 수집하고 정제하는 과정을 거듭해 왔다. 모든 생물마다 유전자 정보량에 큰 차이가 있으며, 일반적으로 생물체가 복잡할수록 유전적 자산이 많다. 인간의 유전체는 약 30억 개의 염기쌍으로 구성되어 있으며, 여기에는 수만 개의 단백질을 암호화하는 유전자와 그 유전자를 조절하는 복잡한 신호 체계가 포함되어 있다. 이렇게 긴 DNA를 복제하는 데는 약 24시간이 걸린다.

이에 비해 세균의 경우는 훨씬 짧다. 가장 긴 염색체도 약 1천만 개의 염기쌍으로 이루어져 있으며 약 1만 개의 유전자로 구성되어 있다. 가장 짧은 것은 16만 개 염기쌍에 160개의 유전자를 가지고 있다. 전자의 경우 세포와 생활 방식이 복잡하기 때문에 다양한 구조를 형성해 변화가 많은 환경(예를 들어 토양)에 적응하기 위해 더 많은 유전자가 필요하다. 반대로 단순한 환경(예를 들어 동물의 장 속)에 사는 세균은 제한된 공간과 영양분을 두고 경쟁을 통해 빠르게 증식해야 하므로 유전자가 적고, 복제 부담도 작다. 대장균의 경우, 염색체는 약 460만(4.6×10^6) 개의 염기쌍으로 이루어져 있으며, 복제하는 데 40분이 걸린다. 하지만 좋은 환경에서는 20분마다 분열하기 때문에 자손 세포의 염색체는 이미 조부의 세포 안에서 복제가 시작되어야 한다.

염색체가 가장 짧은 것은 공생하거나 기생하는 세균이다. 이들은 많은 생리 기능을 공생 파트너나 숙주에 의존하기 때문에 불필요하고 쓸모없는 유전자들은 진화 과정에서 점차 손상되거나 삭제되어 유전체가 짧고 간결해진다. 이는 에너지와 자원을 열등한 정보에 낭비하지 않기 위한 것이다.

다른 황량한 행성들과 비교해 보면, 지구상의 생물은 DNA와 세포에서 시작하여 뇌라는 생물학적 정보 시스템을 거쳐 인간의 문자 언어와 컴퓨터 같은 인위적인 정보 시스템으로까지 발전해 왔다. 이 모든 과정은 40억 년에 걸쳐 이루어진 것이며, 진화학자 리처드 도킨스Richard Dawkins가 말한 '정보 폭발'은 오늘날에도 계속 확장되고 있다. 제한된 공간과 시간, 자원 속에서 적절한 단순화는 반드시 필요한 전략이다.

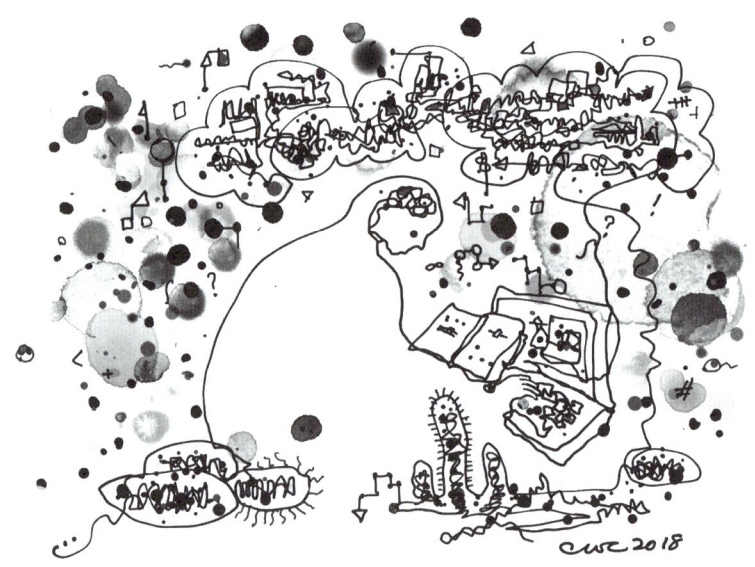

과학적 사고로 여는 새로운 세계

30

블랙박스 건너뛰기

아무리 멋진 이론이어도,

아무리 똑똑한 사람이어도 상관없다.

실험과 일치하지 않는다면 잘못된 것이다.

— 리처드 파인먼

학생들에게 멘델의 완두콩 유전 연구를 설명할 때, 나는 종종 멘델의 연구 전략은 생리학이라는 블랙박스를 과감히 건너뛰고 교배 실험의 데이터만으로 그 이면에 숨겨진 추상적 원리를 찾아내는 것이었다고 말했다. 그것은 완두콩의 꽃이 왜 하얗거나 보라색인지, 씨앗 껍질이 왜 주름지거나 둥근지는 전혀 신경 쓰지 않고, 단지 흰 꽃과 보라 꽃 개체의 수, 주름진 씨와 둥근 씨 개체의 수, 그리고 그 수치의 규칙성에만 관심을 가졌다는 뜻이다.

멘델은 이러한 형질이 출현하는 규칙에 자연의 법칙이 숨어 있다고 믿었고(그는 훗날 논문에 그렇게 썼다), 이항 분포의 개념을 바탕으로 이러한 형질을 결정하는 요인들이 부모 개체에 쌍으로 존재

3. 과학적 정신과 연구 태도

하며 교배를 통해 자손에서 다시 조합된다고 보았다. 이런 유전적 요인의 '쌍'이라는 개념은 이후 염색체와 감수 분열이 발견되면서 구체적인 물리적 구조를 갖추게 되었다.

미국의 유전학자 토머스 모건의 연구실은 유전자가 염색체에 배열되어 있다는 사실을 밝혀냈고, 이어서 유전자의 정보가 DNA의 염기 서열에 저장되어 있으며 그 정보가 mRNA로 전사된 뒤 단백질로 번역된다는 사실도 밝혀냈다.

그러자 과학자들은 또 다른 블랙박스에 직면하게 됐다. RNA의 염기 서열이 단백질의 아미노산 서열을 어떻게 암호화하는 것일까? RNA를 구성하는 네 가지 염기가 있는데 단백질을 구성하는 아미노산은 20종이다. 그렇다면 이 네 가지 염기가 어떻게 20종의 아미노산을 암호화하는가? 중간 매개체인 '유전 암호'는 과연 무엇인가?

이 도전적인 주제에 대해 미국의 물리학자 조지 가모프는 1953년 '다이아몬드 코드diamond code'라는 가설을 제시했다. 그는 DNA 이중나선의 네 개의 염기 중 세 개base triple가 결합하여 하나의 아미노산을 만든다고 제안했고, 이를 소위 다이아몬드 코드라는 모형으로 설명했다. DNA 두 가닥 사이에 존재하는 다이아몬드 모양의 공간에서 상보적인 염기들이 결합해 아미노산을 생성한다고 설명했다. DNA 안에서 만들어질 수 있는 다이아몬드의 조합의 수는 20개이며, 이는 20개의 아미노산에 대응하는 유전 암호라고 말했다.

이 이론은 그럴듯했지만 오래 가지 못했다. 당시 알려져 있던 일부 단백질 서열들과 맞지 않는다는 것이 드러나면서 결국 폐기되었다. 그럼에도 불구하고, 가모프가 제시한 이 이론적 접근은 수많은 과학자(대부분 물리학자)를 이 연구에 뛰어들게 했다. 이들은 네가지 염기로 20종의 아미노산을 암호화하는 방법을 추상적인 문제로 간주하고, 실험 데이터와 모순되지 않는 범위 안에서 이론적으로 해결하려 했다.

이러한 시도는 8년 동안 이어졌으며(멘델이 완두콩 실험을 한 시간과 비슷하다), 엄청난 인력과 자원이 투입되었지만, 크릭의 말처럼 '유전 암호에 관한 쓰레기 같은 논문'만 한가득 쌓였을 뿐이었다. 그러다 1961년, 미국 국립보건원NIH의 마셜 니런버그Marshall Nirenberg가 시험관 실험을 통해 처음으로 코돈을 해독하면서 모두가 블랙박스는 이론으로 건너뛸 게 아니라, 실험을 통해 직접 연구할 수 있었다는 사실을 깨달았다. 그로부터 6년 만에 모든 유전 암호가 연구실에서 완전히 해독되었으며, 그 내용은 기존의 모든 이론의 예측을 완전히 벗어나는 것이었다.

어떻게 멘델은 블랙박스를 건너뛰고 유전 법칙을 밝혀낼 수 있었고, 왜 가모프를 비롯한 수많은 천재 과학자는 아무 규칙도 찾아

내지 못했을까? 나는 그 이유가 블랙박스 내부의 차이에 있다고 생각한다. 멘델이 건너뛴 블랙박스, 즉 유전자와 염색체의 구조와 행동은 생물학적 논리에 부합했고, 실험 데이터를 통해 직접 추론할 수 있었다고 생각한다. 반면, 유전 암호는 어떤 원리나 설계에 따라 만들어진 것이 아니라, 전적으로 진화와 자연 선택이라는 우연적 과정의 산물이었다. 누가 어떤 아미노산은 하나의 코돈만을 가지고, 어떤 아미노산은 두 개, 네 개, 심지어 여섯 개의 코돈과 대응된다고 예측할 수 있었을까? 또 64개의 코돈 중에서 세 개가 종료 코돈이라는 것을 누가 예측할 수 있었을까? 이런 것들은 이론적인 방식으로는 도저히 추론해 낼 수 없는 일이다.

현대 생물학자들이 마주한 것은 훨씬 더 검은 '블랙박스', 바로 '뇌'다. 예컨대 기억 저장과 같은 뇌의 기본 작동 원리는 물리 법칙이나 생리학적 기능만으로는 설명하기에 턱없이 부족해 보인다. 고전 생물학이나 정보 과학의 틀을 넘어서는 어떤 심오한 역설을 품고 있는 것으로 보인다. 이 블랙박스는 직접 도전하기도, 건너뛰기도 모두 불가능해 보인다. 그렇다면 우리는 어떻게 해야 할까?

31
자연은 결코 단절을 만들지 않는다

어떤 일도 단 한 번에 일어나지 않는다.

그리고 자연은 결코 단절을 만들지 않는다는 것은,

나의 가장 확실하게 검증된 중대한 공준 가운데 하나이다.

－고트프리트 빌헬름 라이프니츠 Gottfried Wilhelm Leibniz, 독일의 수학자

1970년, 나는 미국 텍사스대학교 댈러스 캠퍼스에서 분자 생물학 박사 과정을 시작했다. 그리고 놀랍게도, 첫 수업부터 훗날 내지도 교수가 될 사람과 논쟁을 벌였다.

우리는 첫 번째 대학원생으로 전체 학생 수는 6명뿐이었고, 지망할 수 있는 교수는 12명 정도였다. 각 교수는 1명의 학생만 지도할수 있었기 때문에 한 학기 동안 교수들의 수업을 수강한 뒤 원하는연구실을 선택하도록 했다. 내가 가장 눈여겨봤던 교수는 학과에서 가장 엄하기로 소문난 독일 출신의 한스 교수였다.

첫 학기의 분자 생물학 첫 수업에서 한스 교수는 우리에게 시험

지를 나눠주었다. 문제는 모두 수학, 물리, 화학의 기초 개념을 묻는 내용이었으며 우리의 기본 소양을 테스트하려는 의도였다. 그중 하나는 그래프 해석 문제였다. 한스는 자동차의 주행 거리 그래프(왼쪽 그림)를 주고 이를 바탕으로 속도 그래프(오른쪽 그림)를 도출하라고 했다.

문제는 겉보기에 간단했다. 처음 1시간 동안 자동차는 일정한 속도로 10km를 달렸으므로 속도는 시속 10km였고, 다음에는 일정한 속도로 20km, 또 그다음에는 40km를 달렸으니 각각 시속 20km, 40km의 속도였다. 그래서 나는 가속도 그래프에서 0~1시간 구간에 y축 기준 시속 10km에 해당하는 선을 가로로 그렸고, 1~2시간 지점에 시속 20km, 2~3시간 지점에 시속 40km에 해당하는 선을 각각 그렸다. 그리고 이 세 개의 선을 수직 점선으로 연결해서 하나의 연속적인 계단 모양을 만들었다.

시험지를 돌려받았을 때, 그 안에 그려 넣은 세 개의 가로선 사이의 연결선에 빨간 펜으로 X 표시가 되어 있었다. 그는 주어진 그래프에서 주행 속도(기울기)가 점진적인 변화를 보이지 않았기에 연결선이 있어서는 안 된다고 했다. 즉, 불필요한 세부 사항을 추가했다는 뜻이었다. 나는 그 의견에 즉각 반박하며 속도가 갑자기 변한다는 것은 물리적으로 불가능하다고 주장했다. 가속도(속도 차이/시간 차이)가 순간적(시간 차이=0)이라면 가속에 필요한 에너지는 무한대이다(분모가 0이 되기 때문이다). 따라서 시속 10km에서 20km로 가속하려면 아무리 짧은 시간이라도 연속적인 가속 구간이 반드시 있어야 한다(오른쪽 그림의 점선).

훗날 나는 그때 내가 이야기한 것이 바로 17세기 라이프니츠가 주장한 '연속성의 원리'라는 사실을 알게 되었다. 라이프니츠는 이 연속성의 원리 개념을 바탕으로 미적분학을 창안했고, 뉴턴도 영국에서 독자적으로 같은 개념을 발전시켰다.

가속이 반드시 연속적이어야 한다면, 우리는 어떻게 순간적인 속도 변화를 이해할 수 있을까? 라이프니츠의 관점에서 보면, 우리는 시간을 아주 작은 구간으로 나눈 다음, 그 구간을 계속해서 무한히 잘게 쪼갤 수 있다. 그렇게 쪼개고 또 쪼개어 무한소의 크기에 이르게 되면 우리는 무한소 단위의 시간 동안의 속도를 계산할 수 있다. 이러한 무한소의 극한적인 변화량을 계산하는 수학이 바로 미적분이다.

라이프니츠와 뉴턴은 모두 이 무한소 개념을 통해 각각 독립적으로 미적분을 발전시켰다. 다만 무한소는 일반적인 수가 아니며, 0은 아니지만 원하는 만큼 얼마든지 작아질 수 있는 특수한 개념의 수이다. 초기에는 이 무한소 개념이 정통 수학계로부터 큰 비판과 공격을 받았지만, 오랜 시간 동안 이론적 정당성을 쌓은 끝에 미적분은 마침내 수학의 중심 개념으로 자리매김했고, 이는 거의 모든 현대 과학과 공학의 비약적인 발전을 가능케 한 원동력이 되었다.

다시 돌아가서, 한스의 시험 문제를 다시 보면 실제로 주어진 그래프에서 속도 변화가 완전히 갑작스럽거나(절충점이 있음) 점진적인지(절충점이 없음)를 명확히 나타내지 않았다. 전자는 이론적인 상황에만 존재하지만, 본래 한스가 의도한 정답이었을 것이다. 하지만 나는 현실적 관점에서 접근했기 때문에 그래프의 속도 변화가 아무리 빨랐더라도 물리적 세계에서는 연속적으로 일어날 수밖에 없다고 판단했다. 그래서 나는 세 구간 사이에 연속적인 속도 변화가 있다고 본 것이다.

학기가 끝나고, 나와 내 동기는 한스 교수의 연구실을 지망했다. 한스는 나를 선택했고, 그 선택은 내 인생을 바꿔 놓았다. 연속적으로 말이다.

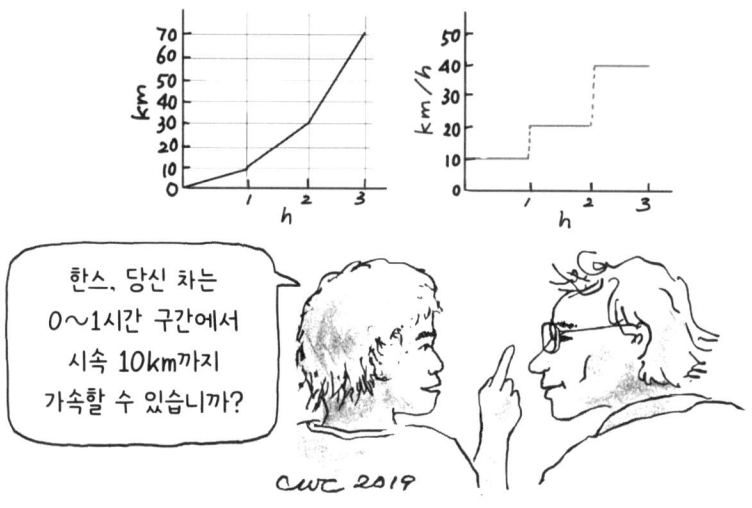

32

내 친구는 '악마의 대변인'이었다

예의는 모든 훌륭한 과학적 협업의 독이 되지만,

비판은 과학에서 우정의 기준이 된다.

– 프랜시스 크릭Francis Crick, 영국의 물리학자이자 생물학자

　　과거 로마 가톨릭교회에서는 성인을 공식적으로 추대하기 위한 심사 과정, 시성을 할 때 후보자를 찬성하는 측과 반대하는 측의 교회 법률가들이 각각 논쟁을 벌이도록 했다. 찬성하는 쪽의 법률가는 '하느님의 대변인'이라 불렸고, 반대 의견을 제시하는 법률가는 '악마의 대변인'이라 불렸다. 악마의 대변인의 임무는 후보자의 자격과 업적에 대해 이의를 제기하고 문제를 제기하는 것이었다. 이러한 구조는 철저하고 격렬한 토론을 통해 진실을 드러내고자 하는 의도에서 비롯된 것이다.

　　이후 '악마의 대변인'이라는 표현은 어떤 주제나 논리의 타당성을 검증하기 위해 의도적으로 도전하고 반대하는 사람을 일컫는

말로 일반화되었다. 이런 방식은 때로 까다롭고 지나치게 꼬투리를 잡는 것처럼 보이기도 하지만, 그 뿌리는 16세기 바티칸의 비판 정신에서 유래되었으며, 이는 현대 과학의 핵심 가치이기도 하다.

과학사에도 '악마의 대변인'에 관련된 이야기가 많은데, 그중 잘 알려진 인물 중 하나가 식물학의 권위자인 카를 빌헬름 폰 네겔리 Karl Wilhelm von Nageli 이다. 당시 멘델이 자신의 완두콩 연구에 관한 논문을 그에게 보냈지만, 돌아온 반응은 매우 미지근했다. 네겔리는 멘델의 실험 결과 자체는 의심하지 않았지만, 그 해석에 대해서는 '조심스러운 회의'를 표했다. 그는 멘델이 제시한 3:1과 9:3:3:1의 비율이 실험 결과를 설명할 순 있으나, 완전한 이론을 세우기에는 부족하다고 믿었다.

네겔리는 멘델에게 조밥나물같이 널리 연구되고 있는 다른 식물로 실험을 확장해 보라고 권면했다. 그렇게 하면 다른 결과가 나올 것이라고 믿었다. 실제로 멘델이 조밥나물을 대상으로 실험했을 때, 완두콩과 전혀 다른 결과가 나왔고, 그로 인해 멘델은 조밥나물은 아예 다른 유전 원리가 있을지도 모른다고 가설을 세워야 했다. 멘델에게는 큰 좌절이었지만, 누구의 잘못도 아니었다. 사실 조밥나물은 정상적인 조건에서 대부분 무성 생식을 통해 번식하는 식물이었고, 이 사실은 30여 년이 지나서야 밝혀졌다.

그렇다면 우리는 이 '악마의 대변인' 네겔리가 유전학의 발전을 방해했다고 비난해야 할까? 결코 그렇지 않다. 멘델조차도 자신의 유전 법칙이 보편적 이론으로 받아들여지기 위해서는 다양한 식물 군에서 반복적으로 검증되어야 한다는 사실을 잘 알고 있었다.

70여 년이 지난 후, 미국 록펠러 연구소의 오즈월드 에이버리와 그의 동료들은 DNA가 유전 물질임을 지지하는 논문을 발표했는데, 그 당시에도 '악마의 대변인'들이 대거 등장했다. 그중에서도 가장 강력한 비판을 한 사람은 같은 연구소의 동료였던 알프레드 미르스키Alfred Mirsky였다. 그는 실험관에서 정제된 DNA 시료 안에 극소량의 단백질이 있을 수 있으며, 그 소량의 단백질이야말로 유전 활동을 위한 핵심 요소일 수 있다고 지적했다. 이 비판은 매우 합리적이었고, 에이버리도 사석에서 그 가능성을 인정하기도 했다.

사실 약 10년 전, 록펠러 연구소 소속의 웬들 스탠리Wendell Stanley 는 담배 모자이크 바이러스TMV를 순수한 단백질 형태로 정제하고, 그것을 결정화하는 데 성공했다. 이 결정에 감염성이 있다는 사실을 발표하면서 '유전자는 단백질이다'라는 결론을 내렸다. 그러나 이것은 당시 기술 수준으로 바이러스에 포함된 소량의 RNA를 감지하지 못한 데서 비롯된 오류였다. 실제로는 그 바이러스의 유전 정보는 단백질이 아니라 RNA가 담당하고 있었다.

3. 과학적 정신과 연구 태도

이후 DNA의 이중 나선 구조를 발견한 왓슨과 크릭 역시 서로에게 악마의 대변인 역할을 수행했다. 크릭은 그들의 협업을 이렇게 회고했다.

"만약 우리 중 어느 한 명이 잘못된 방향으로 나아간다면, 다른 한 명이 반드시 그를 제자리로 다시 끌어오곤 했다. 우리가 함께 일하면서 정말 좋았던 점은 서로에게 조금도 거리낌 없이, 때로는 무례할 정도로 솔직할 수 있었다는 것이다."

'무례할 정도로 솔직하다'라는 표현은 아주 중요한 기준이다. 상대방의 자존심이 상하더라도 꼭 지적해야 할 때 지적할 수 있어야 하는 것이 매우 중요하다는 의미다. 뛰어난 '악마의 대변인'이라면 대충 넘어가지 않고 예리해야 하며, 실험이나 논리 속 허점을 철저히 파고들어야 한다. 이는 상대가 건설적인 답변을 하도록 하고, 더욱 정밀한 사고와 탄탄한 논리를 구성하게 하며, 때로는 새로운 실험을 할 수 있도록 만든다.

연구소에 있다 보면 대학원생들이 발표하다가 교수님한테 전기 맞을 것 같아서 너무 무섭다고 말하는 걸 자주 듣는데, 이는 교수님이 고의로 흠을 잡거나 지적해서 발표자를 곤란하게 만드는 것처럼 느낀다는 것이다.

하지만 교수님의 지적은 우리의 연구를 반대해서가 아니라, 그가 '악마의 대변인'의 역할을 톡톡히 해내고 있다는 사실을 알아야한다. 그는 우리의 데이터, 해석, 결론이 정말로 논리적으로 완전한지, 반박의 여지가 없는지를 확인하고 싶은 것이다. 자신의 지도 교수를 설득하지 못한다면, 어떻게 논문 심사자나 세상의 다른 과학자들을 설득할 수 있겠는가?

왓슨은 "당신의 아이디어를 식견 있는 비판 앞에 계속 노출시키는 것은 매우 중요하다."라고 말했다. '악마의 대변인'은 때로는 듣기 불편하고 거슬리지만, 진정한 친구이자 연구를 견고하게 다져주는 귀중한 존재다. 그의 날카로운 질문이야말로 우리 아이디어의 진정한 시험대가 될 것이다.

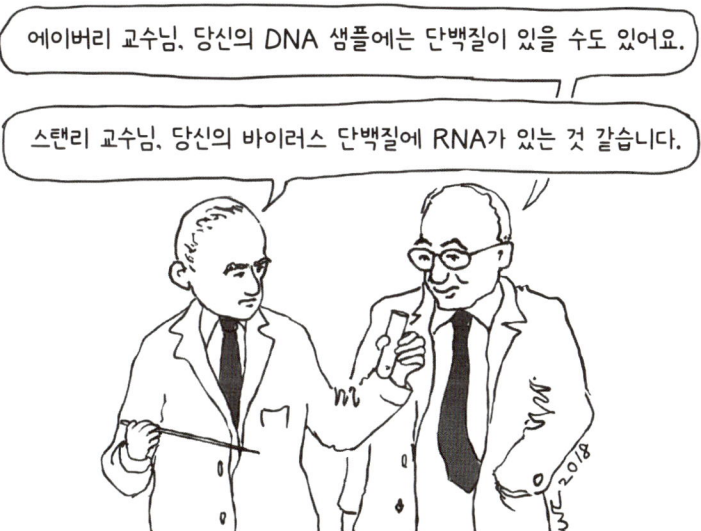

3. 과학적 정신과 연구 태도

33
꼭 필요한 실수

실수는 학습에 매우 중요한 과정이며,
새로운 발견과 미래의 성장을 위한 디딤돌이다.

세상은 실수로 가득 차 있다. 그렇기에 우리는 이 실수를 기꺼이 끌어안아야 한다. 실수가 없었다면, 지금의 우리도 존재할 수 없었을 것이다.

실수가 없다면 생명은 진화하지 못했을 것이다. 모든 생명체는 세대를 거듭하는 과정에서 변이를 일으키며, 이 변이는 자연 선택을 통해 걸러지고 진화하면서 새로운 종의 출현으로 이어진다. 우리 역시 이런 '변이 → 자연 선택 → 변이'가 끊임없이 반복된 결과로 태어난 존재다.

생물의 변이는 유전자의 돌연변이에서 비롯된다. 다시 말해서 DNA의 염기 서열에 변화가 생긴 것이다. 이 염기 변화는 주로

과학적 사고로 여는 새로운 세계

DNA 복제 과정에서 일어나는 실수, 즉 오류로 인해 발생한다. 어떤 생물이든 DNA 복제 메커니즘은 완벽하지 않으며 잘못된 뉴클레오티드가 삽입될 가능성이 항상 존재한다. 또한, 자외선과 같은 물리적 요인이나 아질산 같은 화학적 요인 역시 염기 변화를 유발할 수 있다.

유기체는 이러한 오류를 바로잡기 위해 복구 메커니즘을 가지고 있지만, 이 복구 시스템 자체가 완벽하지 않아 때때로 오히려 새로운 돌연변이를 일으킬 수 있다. 만약 한 종에서 돌연변이가 지나치게 많이 일어나면, 유전적 붕괴와 소멸로 이어질 수 있다. 반대로 돌연변이 발생률이 지나치게 낮으면 진화 능력이 약화될 수 있다. 오랜 자연 선택의 결과, 종 대부분이 자신의 생명 주기와 생리, 생활 환경에 적합한 돌연변이율을 갖도록 진화해 왔다. 현재 알려진 DNA 복제 시 발생하는 돌연변이 비율은 약 10억분의 1에서 100만분의 1 사이로 알려져 있다.

햇빛 속 자외선은 DNA에 돌연변이를 일으킬 수 있지만, 푸른 빛blue light은 오히려 일부 생물체(인간 제외)가 자외선으로 인해 손상된 염기를 회복시키는 작용을 한다. 이 흥미로운 현상은 우연히 발견된 것이다. 1949년, 미국 콜드스프링하버 연구소의 앨버트 켈너는 창가에 두었던 스트렙토미세스가 자외선 손상을 스스로 회복

한다는 사실을 발견했다. 같은 시기 인디애나대학교의 레나토 둘베코Renato Dulbecco(1975년 노벨 생리 의학상 수상자) 역시, 형광등에 노출되면 박테리오파지가 자외선으로 인한 손상을 복구하는 데 도움을 준다는 사실을 발견했다. 이후의 연구들은 이러한 복구를 가능케 하는 것은 특별한 효소이며, 이 효소는 푸른빛에 의해 활성화된다는 사실을 밝혀냈다. 이 복구 시스템을 '광 회복'이라 부른다 (23편 참고).

나중에 '광 회복'을 주제로 한 학술회의에서 사회자였던 막스 델브뤼크는 농담 섞인 말로 '제한된 부주의의 원칙'을 이야기하며 "켈너와 둘베코는 실험을 다소 느슨하게 진행한 측면이 있었습니다. 실험 샘플을 이리저리 옮겨 놓는 등 조건을 완전히 통제하지 못했기 때문에 결과에 큰 편차가 있었는데, 이것이 오히려 새로운 발견으로 이어졌죠. 이 약간의 부주의가 그들에게는 큰 행운이었습니다."라고 말했다.

과학사를 살펴보면 이러한 '제한된 부주의'가 뜻밖의 발견으로 이어지는 사례가 굉장히 많다. 알렉산더 플레밍Alexander Fleming이 페니실린을 발견한 것도 배양 접시를 제대로 덮어 놓지 않은 '실수' 덕분이었다. 그 틈으로 공기 중의 푸른곰팡이가 들어가 페니실린을 생성했던 것이다. 타이완 중앙연구원 회원 왕탁王倬은 1970년대에 DNA 토포이소머라아제DNA topoisomerase를 발견했는데, 이 또한 그가 실수로 원심 분리기를 너무 오래 작동시켜 온도를 과도하게 높게 설정해서 효소가 활성화되어 DNA의 초나선 구조가 풀려 버렸는데, 이를 우연히 관찰하면서 새로운 발견으로 이어졌다. 이러한 부주의가 없었다면 이 놀라운 발견들도 없었을 것이다.

물론, 델브뤼크는 결코 부주의하게 연구하라거나 대충 해도 된다고 권했던 것은 아니다. 그는 "너무 부주의하면 재현 가능한 결과를 얻지 못하고, 결국 어떤 결론도 내릴 수 없게 됩니다. 하지만 아주 약간의 부주의로 인해 새로운 현상을 보게 되면, '오 이런, 무슨 일이 벌어진 거지? 이번엔 뭘 다르게 했던 거지?'라고 생각하게 되죠. 만약 정말 실수로 어떤 변수를 무의식중에 바꾸었다면, 그 원인을 추적할 수 있을 것입니다."라고 말했다.

우리는 연구에 있어서 철저하고 신중한 태도를 갖춰야 한다. 왜냐하면 아무리 조심해도 과학 연구, 수학 문제 해결, 언어 소통 그리고 일상생활 속에서 실수는 반드시 발생할 수밖에 없기 때문이다.

실수는 우리가 배움에 이르는 데 필요한 가장 기본적인 요소이다. 학문적 실수는 우리에게 교훈을 주며 우리를 발전시키고, 인생의 실수는 우리를 시험하고 성장하게 만든다. 만약 우리가 실수로부터 지식과 교훈을 얻을 수 있다면 그 실수는 결코 실패가 아니다. 오히려 그것은 새로운 발견과 미래의 성장을 위한 가장 귀중한 디딤돌이 될 것이다.

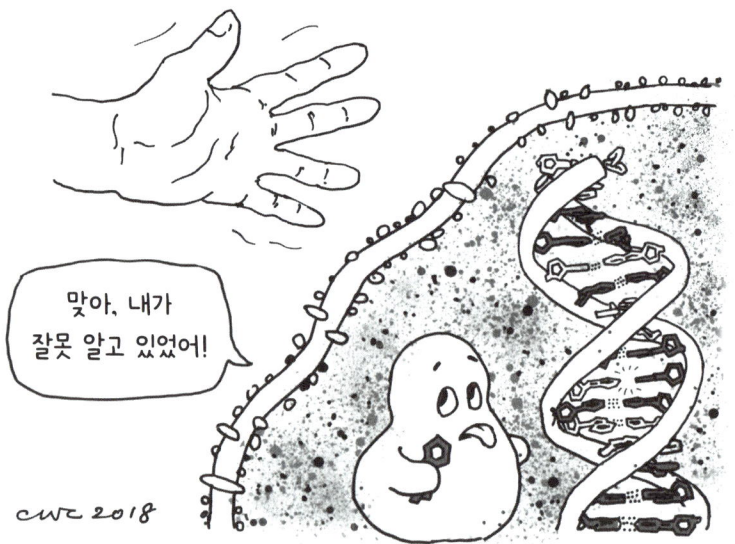

34
수수께끼 풀이와 발견의 기쁨

과학자에게 있어 최고의 기쁨은 무언가를 발견하거나 수수께끼를 푸는 순간에 온다. 새로운 현상이나 원리를 발견하는 일은 말로 표현할 수 없는 흥분을 안겨 주고, 풀리지 않는 복잡한 문제를 해결하는 일은 비교할 수 없는 즐거움을 준다. 복잡한 문제를 풀면 새로운 발견으로 이어지고, 그 발견은 또다시 새로운 수수께끼로 이어지는데, 이 둘은 끊임없이 맞물려 돌아간다.

나 또한 연구를 하면서 이 같은 귀한 경험을 해 봤다. 1981년, 타이완으로 돌아와 한 생명 공학 회사에서 연구개발 업무를 시작했는데, 토양에서 흔히 발견되는 스트렙토미세스를 다루던 중 특이한 현상을 발견하게 되었다. 이 세균의 염색체에는 유난히 불안정한 영역이 있었는데, 이 부분에서 대규모 유전자 결실이 자주 발생해 여러 유전자가 한꺼번에 사라지곤 했다. 이 이상한 현상은 다양한 스트렙토미세스 균주에서 반복적으로 관찰되었고, 그 발생 빈도도 꽤 높았지만 원인을 밝혀내지 못했다.

이후 대학으로 자리를 옮겨 학생들을 가르치게 되면서 나는 이 문제를 본격적으로 연구해 보기로 결심했다. 마침 우리 실험실에서는 한 스트렙토미세스 균주에서 '이동성 유전 인자transposon'를 발견했는데, 이 유전자는 유전체 내에서 위치를 옮겨 다니며 유전체 불안정을 야기하는 요소로 알려져 있어 이를 단서로 삼기로 했다. 우리는 이 이동성 유전 인자가 약 5만 염기쌍 길이의 아주 긴 선형 색소체plasmid(염색체 외부에 존재하는 필수적이지 않은 DNA)에 위치한다는 사실을 밝혀냈다. 그리고 더 나아가 이 이동성 유전 인자는 매우 긴 DNA(수백만 개의 염기쌍 길이로 보이는 DNA)에 위치해 있었다. 이 긴 DNA는 외형상 선형으로 보였고, 크기로 보아 색소체가 아니라 염색체일 것이라고 추정했지만, 당시 모든 교과서가 '모든 세균의 염색체는 원형'이라고 가르치고 있었기에 큰 충격이었다. 그러나 우리는 다양한 실험을 거쳐, 이 스트렙토미세스의 염색체가 실제로 선형이고, 다른 스트렙토미세스 균주 역시 모두 선형 염색체를 갖고 있다는 사실을 밝혀냈다.

이 발견은 앞서 언급한 수수께끼를 풀어 주었다. 그 불안정한 영역은 바로 염색체의 말단(끝부분)이라는 사실이 밝혀졌다. 이전에도 과학자들은 진핵생물의 선형 염색체 말단이 매우 불안정하여 쉽게 끊어지고 삭제될 수 있다는 사실을 발견했었는데, 스트렙토미세스도 예외는 아니었다. 게다가 그 말단에는 이동성 유전 인자들이 몰려 있어 불안정성이 더욱 커졌다는 것을 알게 됐다.

하지만 이 발견은 또 다른 역설을 낳았다. 우리가 밝혀낸 스트렙토미세스의 염색체는 선형이지만, 기존의 유전학자들이 만든 유전 지도(16편 참고)는 모두 원형이었기 때문이다.

유전 지도는 두 염색체가 상동 재조합homologous recombination을 할 때, 각 유전자 사이의 재조합 빈도를 바탕으로 유전자의 위치를 그린 것으로, 유전자 간 거리가 가까울수록 재조합 빈도가 낮고, 거리가 멀수록 재조합 빈도가 높다는 것이 적용되는 기본 원리다.

이러한 재조합의 빈도를 바탕으로 염색체상의 유전자들 간의 상대적 위치를 그릴 수 있는데, 이것이 바로 유전자 지도이다. 다양한 스트렙토미세스의 유전자 재조합 실험 결과로 구축된 유전 지도는 모두 원형의 형태를 띠고 있었다. 직관적으로 생각하면, 원형 유전 지도는 염색체가 원형일 때 나타나는 것이 당연하지 않을까? 실제로 많은 세균들이 그렇듯, 염색체가 원형이고 유전 지도 역시 원형인 경우가 많다. 그렇다면 스트렙토미세스의 염색체는 선형인데, 왜 유전 지도는 원형으로 나타나는 것일까?

우리는 이 문제를 해결하기 위해 유전자 재조합 실험을 직접 수행했고, 특히 염색체 양 끝단 사이에서 재조합이 일어나는지를 집중적으로 관찰했다. 염색체 양 끝단이 가장 멀리 떨어져 있으므로 재조합 빈도가 가장 높아야 하는 것이 맞지만 놀랍게도 양 끝단 사이에서는 거의 재조합이 일어나지 않았다. 마치 서로 손을 잡고 놓지 않는 것처럼 말이다. 어떻게 이런 일이 일어날 수 있을까?

여기서 우리는 스트렙토미세스의 선형 염색체 말단에 공유 결합된 특수 단백질이 존재한다는 사실에 주목했다. 이 단백질들이 실제로 서로 손을 맞잡고 있는 걸까? 실험 결과는 놀랍게도 사실이었다. 이 단백질들은 시험관에서도, 세포 내에서도 서로 강하게 결합해 있었고, 세제를 사용해야 겨우 분리될 정도였다. 즉, 선형 염색체가 세포 내에서는 말단 단백질의 상호 작용으로 인해 원형 구조처럼 접히기 때문에 유전 지도가 원형으로 나타났던 것이다.

문제 해결이 새로운 발견으로 이어지고, 또 그것이 또 다른 질문으로 이어지는 이 일련의 과정이 무려 20년에 걸쳐 진행되었다. 그리고 그것은 우리에게 말로 다할 수 없는 큰 감동과 성취감을 안겨주었다.

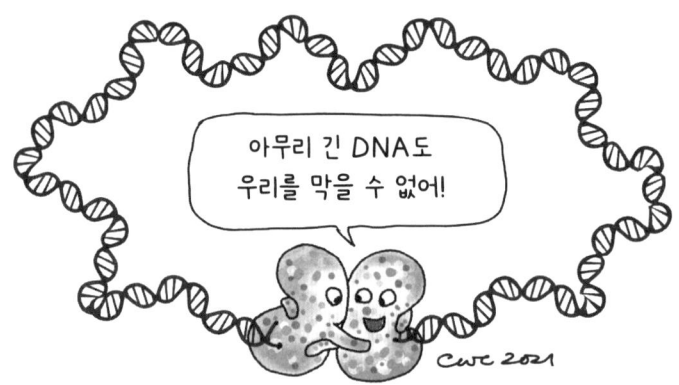

35
임계량의 사고방식

지구는 광대한 우주라는 거대한 무대 위에서

극히 작은 한 장면에 불과하다.

— 칼 세이건 Carl Sagan, 미국의 천문학자

물리 수업 시간에 핵 연쇄 반응과 관련된 내용을 배울 때, 핵무기든 원자로든 핵분열을 일으키는 물질은 일정 질량에 도달해야만 핵분열로 인해 방출된 중성자가 붕괴되기 전에 다른 원자핵에 충돌하여 새로운 핵분열을 유도하고, 반응이 지속적으로 확산될 수 있다고 배웠다. 이 질량이 부족하면 핵분열은 멈추고 연쇄 반응은 일어나지 않는다. 이처럼 연쇄 반응이 일어나기 위한 최소 질량을 '임계 질량 critical mass' 혹은 '임계량'이라고 한다.

인류 문명의 지속에도 임계량의 개념이 적용된다. 언어, 지식, 기술, 관습처럼 문명을 구성하는 요소들은 이를 받아들이는 사람이 일정 수준 이상 확보되어야 지속적으로 유지되고 전파될 수 있다.

3. 과학적 정신과 연구 태도

만약 그것을 유지하고 발전시킬 인구가 부족하다면 그 문명은 역사의 흐름 속에서 쉽게 사라지거나 다른 문명에 흡수되고 말 것이다. 생물의 진화도 마찬가지다. 어떤 생물의 종이 살아남기 위해서는 개체 수가 충분히 많아야 자연재해나 인간 활동 같은 외부 압력으로부터 쉽게 멸종되지 않는다.

현대 과학기술 문명은 전 세계에 걸쳐 널리 퍼져나갔으며, 수천만 명의 과학자와 엔지니어들이 각지에서 다양한 연구를 수행하고 수많은 논문과 특허를 발표하고 있다. 아마도 그중에서도 실제로 광범위하게 영향을 끼치는 성과는 극히 일부일 수 있지만, 모든 과학자가 서로 지식과 아이디어를 교류하고, 비판하며, 지원하는 과정에서 핵 연쇄 반응처럼 지성의 불꽃을 일으키며 지식을 확산시킨다. 조지 버나드 쇼George Bernard Shaw는 이런 말을 했다.

"당신에게 있는 사과 하나와 나에게 있는 사과 하나를 서로 바꿔도 우리에겐 여전히 사과 하나만 있을 뿐이다. 하지만 당신에게 있는 아이디어와 나에게 있는 아이디어를 서로 교환하면 우리는 각각 두 개의 아이디어를 갖게 된다."

과학자들 사이의 활발한 상호 작용은 현대 과학의 성공에 있어 필수적인 요소다. 위대한 과학자와 위대한 발견은 결코 진공 상태에서 홀로 생겨나지 않는다. 뉴턴 역시 이렇게 말했다.

"내가 더 멀리 볼 수 있었던 것은 내가 거인의 어깨 위에 올라서 있었기 때문이다."

내 생각에 그 거인은 바로 전 세계의 수많은 과학자를 의미하고 있다고 생각한다.

다른 관점에서 보면 임계 질량은 생물의 진화에도 적용된다. 일반적으로 한 종의 집단이 충분한 규모에 도달해야, 환경 변화에 적응하는 데 유리한 돌연변이를 지닌 새로운 균주가 나타날 가능성이 높아진다. 예를 들어, 박테리아가 항생제의 공격을 피하기 위해 내성 돌연변이를 일으키려면 충분히 많은 수의 박테리아가 있어야 한다. 왜냐하면 항생제 내성 돌연변이는 백만분의 일 정도의 낮은 확률로 발생하기 때문이다. 만약 그 수가 임계량에 도달하지 못하면, 내성이 있는 돌연변이는 거의 나타나지 않는다. 마찬가지로 바이러스도 빠르게 개체 수를 증식시키고 다양한 돌연변이를 만들어내는데, 이 중 대부분은 열등한 형질이지만, 일부는 숙주의 면역 시스템이나 약물의 공격을 피할 수 있어 전체 바이러스 집단을 성공적으로 확장시킬 수 있다.

임계량의 개념은 우주의 천체와 생명을 논의함에 있어서도 적용할 수 있다. 현재 관측 가능한 우주에는 약 10^{23}개의 항성이 존재하는 것으로 추정된다. 우주는 광활하지만, 지구처럼 생명체가 존재할 수 있는 지형이나 자원, 온도, 공기, 물 등 적합한 조건을 갖춘 행성은 매우 드물다. 일부 학자들은 우주가 이렇게 광대한 데에는 그만한 이유가 있다고 생각한다. 수많은 천체가 수십억 년에 걸쳐 진화하면서 비로소 지구처럼 생명이 존재하기에 안정적인 조건을 갖춘 행성이 탄생할 수 있었던 것이다. 지구 자체도 수십억 년에 걸쳐 생명체의 진화를 가능케 한 행성이다.

그렇다면 우주 어딘가 다른 행성에도 생명이 존재할까? 그 확률은 극히 낮아 보이지만 행성의 수는 상상을 초월할 만큼 많다. 작디작은 확률에 어마어마한 표본의 수를 곱하면 그 기대치는 결코 무시할 수 없다. 아마도 우주의 아주 먼 어느 구석에서 또 다른 문명의 생명체가 존재하고 있을지도 모른다. 그리고 그들도 아마 우리와 똑같이 이 질문을 던지고 있을 것이다.

36

유전자가 없으면 무인도나 다름없다

의심할 여지없이, 이 기술은 어느 시점, 어느 장소에서
유전 가능한 방식으로 사용되어 우리 종種을 변화시키고
인류의 유전적 구성을 영원히 바꾸게 될 것이다.

– 제니퍼 다우드나Jennifer Doudna, 미국의 생화학자

2020년 노벨 화학상은 미국의 생화학자 제니퍼 다우드나와 프랑스의 미생물학자 에마뉘엘 샤르팡티에Emmanuelle Charpentier에게 수여되었다. 이 두 과학자는 협력하여 박테리아가 박테리오파지의 DNA를 절단하기 위해 사용하는 CRISPR-Cas9 면역 체계를 발견하여 새로운 유전자 편집 도구로 발전시켰다. 이 기술 자체는 특별히 어렵지 않았기 때문에 2012년《사이언스》지에 발표한 이후 많은 연구실에서 빠르게 성공적으로 채택하고 개선하여 인간 배아를 포함한 여러 생물 종에 적용되기 시작했다.

하지만 유전자 공학 기술이 인체에 적용되는 순간, 건강과 윤리, 도덕, 법률 등 수많은 논란이 야기되었다. 다우드나는 자신이 개발한 기술이 어떤 '도덕적 폭풍'을 일으킬지 걱정되어 잠을 설칠 때가 많았다고 고백했다. 어느 날 밤, 그녀는 히틀러가 자신에게 CRISPR-Cas9의 사용법과 용도를 묻는 악몽을 꾸었다. 그 꿈을 꾼 이후, 그녀는 이 기술이 사회에 끼칠 영향에 대해 적극적으로 목소리를 내기로 결심했다.

그리고 몇 년 후, 그녀의 악몽은 현실이 되고 말았다. 2018년 11월, 중국의 《인민일보》는 '세계 최초의 에이즈 면역 유전자 편집 아기가 중국에서 태어났다'는 제목으로 기사를 게재했는데, 중국 남방과기대학의 허젠쿠이贺建奎 교수팀이 CRISPR-Cas9 기술을 사용해 '루루'와 '나나'라는 쌍둥이의 유전자를 변형하여 인간 면역 결핍 바이러스Human Immunodeficiency Virus, HIV에 더 강한 면역력을 지닌 '맞춤 아기'가 탄생했다고 보도했다. 이 인체 실험은 의료 윤리 논의나 승인, 감독도 거치지 않은 채 진행되어 전 세계적으로 큰 논란을 불러일으켰고 엄청난 비판을 받았다. '매우 무책임하고 비윤리적이며, 유전자 편집 기술의 위험한 사용'이라는 혹평 속에 허젠쿠이는 중국 정부에 의해 징역형을 선고받았다.

허젠쿠이 교수가 쌍둥이 실험에서 편집한 유전자는 'CCR5'로, 이 유전자가 암호화하는 단백질은 면역 세포의 표면에 분포하며,

R5형 HIV가 세포에 침입할 때 침투 통로로 작용한다. R5형 HIV는 질병의 초기 단계에서 가장 흔히 나타나는 바이러스 유형이다. 현대 인류 집단, 특히 유럽인들 가운데에는 'Δ32'라 불리는 32개 염기쌍 결실 돌연변이를 가진 사람들도 적지 않다. 이 돌연변이로 생성된 단백질은 R5형 HIV가 세포에 침투하지 못하도록 차단한다. 따라서 두 개의 CCR5 유전자 모두에 Δ32 돌연변이가 존재하는 동형 접합자homozygote는 R5형 HIV에 대한 저항력이 매우 높으며, 하나의 유전자만 돌연변이를 지닌 이형 접합자heterozygote 역시 일반인보다 높은 수준의 저항력을 보인다.

허젠쿠이는 CCR5Δ32 변이 부위에 새로운 돌연변이를 도입했다. 그러나 루루와 나나의 유전자 편집 결과는 서로 달랐다. 루루의 한쪽 CCR5 유전자는 변형이 없었고, 다른 한쪽은 15개의 염기쌍이 삭제된 돌연변이였다. 이는 CCR5Δ32 변이와는 다른 형태의 변이였다. 나나의 경우, 한쪽 CCR5 유전자는 4개의 염기쌍이 결실되었고, 다른 한쪽은 1개의 염기쌍이 삽입된 상태였다. 이들이 생성하는 단백질이 인체에 어떤 영향을 미칠지는 아직 알 수 없다.

CRISPR-Cas9는 최첨단 유전자 편집 기술이지만, 결코 완벽하다고는 볼 수 없다. 목표 이외의 염기 서열이 의도치 않게 바뀌는 '오프 타깃(탈표적)' 현상이 발생할 수 있으며, 이것은 타깃 근처에서 발생할 수도 있고 다른 부분에서 발생할 수도 있다. 최근 미국과 영국의 3개 연구실에서 CRISPR-Cas9를 인간 배아 세포 실험에 적용한 결과, 오프 타깃 비율이 $\frac{1}{5}$에서 최대 절반까지 높아진 것으로 나타났다. 이런 결과를 보면 이 기술이 실제로 태아에 적용될 경우, 예측 불가능한 위험을 초래할 수 있다는 우려를 낳을 수밖에 없다.

설령 기술이 완벽하더라도, 우리는 돌연변이가 가져올 부작용을 고려해야 한다. 어떤 약물이든 우리가 복용할 때 목표 지점에 직접적인 영향을 미칠 뿐만 아니라, 예상되거나 예상치 못한 부작용이 다른 부위에서 나타날 수 있다고 생각해야 한다. 유전자 돌연변이도 마찬가지로, 그 효과는 독립적인 것이 아니며 예측 가능하거나 예측 불가능한 영향을 모두 일으킬 가능성이 높다.

세포 내에는 수천, 수만 개의 유전자가 존재하며, 단 하나의 유전자도 고립되어 작동하지 않는다. 모든 유전자는 어느 정도 다른 유전자와 상호 작용하며, 복잡한 네트워크를 형성한다. 특정한 형질 또한 단 하나의 유전자만으로 결정되지 않는다. 하나의 유전자를 바꾸면 그 유전자가 관여하는 생리적 기능뿐 아니라 다른 유전자들의 기능에도 영향을 미친다.

CCR5 단백질이 세포 표면에 존재하는 것은 바이러스를 초대하기 위한 출입문이 아니라, 세포의 코와 같은 역할을 하는 '케모카인 수용체'로서 세포가 세포 이동 신호 물질(케모카인)을 감지하고 농도가 높은 곳으로 이동할 수 있게 도와주기 위함이다. CCR5 단백질은 면역 세포뿐 아니라 파골세포, 섬유모세포, 간세포, 신경세포 등에도 존재하며, 이들 세포에서 어떤 역할을 하는지는 아직 완전히 밝혀지지 않았다. 특히 면역 세포는 인체 바이러스 방어의 핵심이기 때문에 학계는 CCR5Δ32 변이가 일부 바이러스 방어에 취약점을 만들 수 있다고 우려하고 있다.

실제로 조사 및 연구 결과에 따르면 CCR5Δ32 변이는 인체의 일부 바이러스에 대한 저항력과 회복력에 영향을 미치며, 특히 웨스트나일 바이러스West Nile Virus[13], 인플루엔자 바이러스influenza virus 등에 감염되면 더 심각한 상태를 초래하는 것으로 나타났다. 또한 이 변이가 끼치는 영향은 개인의 면역 체계와 인종 및 가계 유전적 배경에 따라 다르게 나타난다.

과거 시험관 아기의 논란은 유전자 조작이 없었기에 어느 정도 순조롭게 넘어갈 수 있었다. 하지만 이제 우리는 '맞춤 아기(루루와 나나)'라는 더 큰 논쟁을 마주하고 있다. 인간의 유전자 조작 기술

---

13 1937년 우간다 웨스트나일 지역에서 발열을 주 증상으로 하는 여성에서 처음으로 분리되었으며, 까마귀 같은 조류가 병원소인 것으로 알려져 있다.

은 의료적 질환 예방을 넘어 체질 개선, 외모 변화 등의 미끼로 무수한 기대감을 불러일으킨다. 의료적으로는 선천적인 유전 질환을 치료하거나 심장병이나 당뇨병, 암 발생의 위험 감소 등 질병을 예방할 수 있다. 그뿐만 아니라, 머리색이나 피부색 변화 등 미용적인 측면으로도 활용될 수 있다. 이는 개인의 건강 문제를 넘어서 무한한 상업적 가능성을 제공하기도 한다.

하지만 가장 크게 우려되는 쟁점은 생식 세포의 유전자 조작에 있다. 체세포의 유전자 조작은 다음 세대에 유전되지 않기 때문에 영향이 그나마 그 사람 한 세대에서 끝나지만, 생식 세포의 유전자 변형은 다음 세대까지 영구적으로 영향을 미칠 수 있어 그 파급력이 매우 크다.

사회 전체가 다음과 같은 질문을 진지하게 고민해 보아야 한다.

'우리가 감수해야 할 장기적 위험은 얼마나 큰가?'

'우리는 자연 진화를 거스르고 인류의 유전적 다양성을 낮출 위험을 감수하면서까지 인간 종의 개량을 기꺼이 할 각오가 되어 있는가?'

'우리는 이 기술이 초래할 윤리적, 도덕적 파장을 맞이할 준비가 되어 있는가?'

'우리가 기대하는 이익이 과연 이 모든 위험을 감수할 만큼 가치가 있는가?'

'우리는 지금 판도라의 상자를 열고 있는 것은 아닐까?'

미국의 브로드 연구소Broad Institute는 MIT와 하버드대가 공동 설립한 유전체 의학 연구 기관이다. 이 연구소의 소장인 에릭 랜더Eric Lander는 2015년《뉴잉글랜드 의학 저널The New England Journal of Medicine》에 유전체 의학과 관련된 글을 게재했다.

"적어도 가까운 미래에는, 인간 유전체를 영구적으로 변경하는 것을 금지하는 것이 현명한 선택이다. 기술이 성숙하고, 과학적 이해가 깊어지고, 도덕적 지혜가 강화되어 충분히 설득력 있는 이유가 생긴다면 금지 조치는 언제든지 철회될 수 있다. 그러나 과학자들이 우리 종의 DNA를 영구적으로 조작하는 것은 반드시 사회적 이해와 합의를 전제로 이루어져야 한다."

2019년 미국 국립과학아카데미US National Academy of Science와 미국 의학아카데미US National Academy of Medicine, 영국 왕립의학회UK Royal Society는 전문가 30여 명으로 이루어진 'International Commission on the Clinical Use of Human Germline Genome Editing'이라는 영향력 있는 국제 위원회를 조직하여 검토를 실시했다. 2020년 9월에는 200쪽이 넘는 보고서를 통해 다음과 같이 결론 내렸다.

"현재로선 인간의 유전체를 정밀하고 신뢰할 수 있는 수준으로 조작할 수 없으며, 의도치 않은 변화의 가능성을 막을 수 없다. 따라서 유전자 편집을 거친 배아를 착상해 임신을 유도하는 것은 안 된다."

우리는 유전자 변화와 배아 발달 간의 상호 작용을 더 잘 이해하기 전까지는 경솔하게 무모한 실험을 진행해서는 안 된다. 이 결론은 현재 많은 사람(나 역시 포함된다)이 공유하는 비교적 신중한 합의일 것이다.

4

유전자, 암호, 진화

과학 연구는 마치

장님이 코끼리를 더듬는 것과도 같다.

서로 다른 입장에 있는 과학자들이

서로 다른 각도에서, 서로 다른 관점으로

같은 주제나 관련된 주제를 연구하며

자기만의 결과와 결론을 얻게 된다.

그리고 이들은 서로 토론을 통해

보다 완전하고, 정확하며,

진실에 가까운 답을 찾아내려고 노력한다.

37
맹인盲人의 DNA 만지기

> 내가 더 멀리 볼 수 있었던 것은,
> 거인들의 어깨 위에 올라서 있었기 때문이다.
> — 아이작 뉴턴Isaac Newton, 영국의 수학자이자 물리학자

우리는 모두 '맹인盲人이 코끼리를 만진다'라는 비유를 들어 본 적이 있을 것이다. 맹인 여러 명이 코끼리를 만지며 코끼리가 어떤 모습일지 파악하려 하지만, 각자 손에 닿는 부위가 달라서 어떤 이는 코끼리가 뱀 같다 하고, 어떤 이는 부채 같다 하고, 또 어떤 이는 벽이나 나무 같다고 말했다. 이들은 모두 부분적인 관찰만 할 수 있었을 뿐 진짜 코끼리의 모습을 알 수 없었다.

과학 연구도 이와 매우 비슷하다. 수많은 과학자가 서로 다른 입장과 관점으로 같은 주제나 관련 주제를 연구하고, 각자가 얻은 결과와 결론을 서로 논의하며, 보다 완전하고 정확하며 진실에 가까운 해답을 찾아가려고 노력한다. 이처럼 사람들끼리 정보를 공유하

고 논의함으로써 '코는 뱀 같고, 귀는 부채 같고, 몸통은 벽 같고, 다리는 나무 같다'라는 보다 전체적인 진실에 접근할 수 있는 것이다.

1953년 2월 28일, 영국 케임브리지대학교의 캐번디시 연구소에서 프랜시스 크릭과 미국에서 온 제임스 왓슨은 DNA의 이중 나선 구조를 밝혀냈다. 이 위대한 발견은 맹인이 코끼리를 더듬는 이야기를 떠올리게 하는 사례이기도 하다.

연구 초반에 과학자들은 이미 기본적으로 DNA가 긴 뉴클레오티드 사슬로 이루어진 화학적 구조를 가지고 있다는 사실을 알고 있었다. 뉴클레오티드는 인산phosphate과 디옥시리보오스deoxyribose 그리고 염기base라는 세 가지 하위 단위로 구성되며, 염기에는 아데닌(A), 구아닌(G), 티민(T), 사이토신(C) 총 네 가지가 있다.

당시에는 인산과 디옥시리보오스가 반복적으로 연결되어 DNA의 골격을 형성하고, 염기는 디옥시리보오스에 하나씩 붙어 있다는 것만 알려져 있었지만, 전체 입체 구조는 아직 베일에 싸여 있었다. 그 시절 분자 구조를 연구하기 위해 가장 흔히 사용된 방법은 X선 회절 결정학이었다. 1937년, 영국 리즈대학의 윌리엄 애스터버리William Astbury는 이 기술을 이용해 DNA의 염기가 동전처럼 겹겹이 쌓여 있으며, 틈이 없고, 염기와 디옥시리보오스가 동일한 평면에 있다는 가설을 세웠다. 그는 DNA라는 '코끼리'를 가장 먼저 만진 맹인이라고 할 수 있다.

1947년, 영국 노팅엄대학교의 존 걸랜드John Gulland와 데니스 조던Denis Jordan은 산-염기 적정 실험을 통해 DNA 구조가 수소 결합에 의존한다는 사실을 발견했다. 그들은 염기 간 수소 결합이 존재한다는 것을 정확하게 추론해 냈다. 이들이 두 번째와 세 번째 맹인이었다.

이듬해, 미국 컬럼비아대학의 어윈 샤가프Erwin Chargaff는 다양한 생물에서 염기의 비율을 측정해 A와 T의 수가 거의 같고, G와 C의 수 역시 비슷하다는 사실을 발견했다. 그는 이 결과를 케임브리지를 방문했을 때 왓슨과 크릭에게 알려 주었다. 그가 네 번째 맹인이었다.

1949년, 영국 런던대학의 스벤 퍼버그Sven Furberg는 염기와 디옥시리보오스 사이의 배열이 애스터버리의 주장과는 달리 수직 구조임을 밝혔고, 단일 가닥 구조인 DNA 모델 두 가지를 제안했다. 그는 다섯 번째 맹인이었다.

1951년부터 1953년 사이, 런던 킹스 칼리지의 로절린드 프랭클린은 X선 회절 기술을 통해 DNA의 하위 단위 간 거리, 나선의 지름과 주기, 수분 함량 등 몇 가지 결정적 데이터를 수집했다. 그녀는 실험을 통해 DNA가 친수성이며, 따라서 친수성의 인산 골격은 외부로 향하고 소수성의 염기는 내부에 위치한다는 사실을 밝혀냈다.

그녀는 여섯 번째 맹인이며, DNA를 깊이 이해한 인물 중 하나이다.

1953년, 프랭클린의 데이터를 바탕으로 크릭은 DNA가 반反평행 방향의 이중 가닥이라는 점을 발견했고, 왓슨은 샤가프의 결론과 자신의 모델 연구를 통해 A와 T, G와 C가 각각 수소 결합으로 짝을 이루고 있다는 사실을 발견했다. 이 일곱 번째와 여덟 번째 맹인이 이전 모든 맹인의 연구 결과를 통합하여 이중 나선 모델을 완성하게 된다. 즉, 바깥쪽의 두 가닥은 인산과 당으로 이루어진 골격을 형성하며, 서로 반평행 방향으로 감겨 있다. 내부의 염기 A:T와 G:C는 각각 수소 결합으로 짝을 이루어 빈틈없이 겹겹이 포개진 구조를 이룬다.

훗날 크릭은 이렇게 고백했다.

"우리는 혼란스러운 사실과 추론들 속에서 사고의 불꽃을 피워냈습니다. 이중 나선의 발견이 가능했던 이유는 많은 과학자가 각기 다른 방식으로 결정적인 정보를 제공해 주었기 때문입니다."

이렇게 여덟 명의 맹인이 만진 코끼리는 마침내 DNA의 '진짜 모습'을 우리 앞에 드러내게 된 것이다.

38

왼쪽으로 돌리는지,
오른쪽으로 돌리는지, 그것이 중요한가?

크릭은 그들이 오른쪽 나선을 선택한 이유에 대해,

공간적 관점에서 더 적절했기 때문이라고 말했다.

— 왕탁James Wang, 미국의 분자 생물학자

십여 년 전, 나는《사이언스》에 기고된 한 삽화의 그림 속 물체의 좌우 회전 방향이 잘못 그려졌다는 사실을 지적했다. 그에 대해 해당 글의 저자가 게재한 반론은 '이건 관점의 문제다. 이쪽에서 보면 왼쪽 나선이고, 저쪽에서 보면 오른쪽 나선이다.'였다.

그 답변을 보고 나는 잠시 멍해졌다. 많은 사람이 좌우를 구별하지 못하는 것은 알고 있었지만, 과학 전문 작가가 이런 식의 잘못된 인식을 갖고 있다는 건 충격이었다. 우리 모두 DNA 이중 나선이 오른쪽으로 감긴다는 것을 알고 있다. 그런데 반대쪽에서 보면 그게 왼쪽 나선으로 바뀔 수 있다는 것인가? 이 책에 있는 DNA

삽화를 거꾸로 뒤집어 본다고 해서 오른쪽 나선으로 바뀌는지 확인해 보면 그 답을 찾을 수 있을 것이다.

실제로 DNA 이중 나선이 왼쪽 나선인지 오른쪽 나선인지는 20년 이상의 논의 끝에 확립된 사실이다. 1953년에 왓슨과 크릭은 오로지 로절린드 프랭클린이 촬영한 X선 회절 사진에만 의존하여 이중 나선 모델을 제안했다. 당시의 DNA 샘플은 모두 생물체에서 채취한 것으로 수많은 다른 염기 서열이 혼재된 상태였기 때문에 데이터는 모두 평균값이었다. 이를 통해서는 단지 나선 구조라는 기본 특성만을 알 수 있었고, 나선의 가닥수나 회전 방향(좌회전 또는 우회전)은 파악할 수 없었다.

왓슨과 크릭은 첫 번째 논문에서 그 구조가 오른쪽 나선이라고 주장했지만, 그 이유를 설명하지 않았다. 다음 해에 보다 상세한 논문에서 그들은 '왼쪽 나선도 구축은 가능하나 반데르발스 접촉의 허용치를 넘을 것'이라고 언급했다. 즉, 왼쪽 나선도 이론상 가능하지만, 자신들이 철사와 철판으로 만든 모형에서는 염기 간 거리가 너무 좁아서 사실상 불가능하다는 것이었다. 하지만 이 근거는 꽤 미약했다. 1975년, 나 역시 구-막대 분자 모형Ball-and-stick models 으로 DNA를 구성해 본 적이 있는데, 왼쪽 나선이든 오른쪽 나선이든 거의 동일하게 구현이 가능했고, 특별한 차이를 느끼지 못했다.

크릭은 이후에도 여러 차례 이중 나선의 회전 방향에 대한 확실한 결론을 내릴 수 없다고 밝혔다. 1979년, 그는 동료와 함께 「DNA는 정말 이중 나선 구조인가?Is DNA really a double helix?」라는 논문을 발표했는데, 여기서 그는 다음과 같이 밝혔다.

"초기 이중 나선 모델은 오른쪽 나선이었다. 이 특징에 대한 실험적 증거는 제안 수준에 머물 뿐, 완전한 설득력을 갖지 못한다."

1970년대 후반에는 폴리뉴클레오티드polynucleotide의 인공 자동 합성 기술이 발달하면서 연구자들은 특정 서열의 DNA를 합성하고 이를 결정화시킨 후 X선 회절 매핑 분석을 통해 DNA 분자의 원자 위치를 정밀하게 밝힐 수 있게 되었다. 1980년, 미국 캘리포니아 공과대학의 리처드 디커슨Richard Dickerson 연구실은 12개의 염기쌍으로 구성된 DNA 결정의 고해상도 구조를 발표했으며, 이 구조는 오른쪽 이중 나선이었다. 이후 록펠러대학의 쉬밍다徐明达 연구실에서도 전자 현미경을 통해 오른쪽의 DNA 이중 나선 구조 이론을 뒷받침했다.

왓슨과 크릭이 제시한 이중 나선의 오른쪽 구조 가설은 결과적으로 매우 운이 좋은 선택이었다. 오늘날 우리는 DNA 분자가 다른 분자처럼 수용액에서 유동적인 상태라는 것을 알고 있다. 일부 특수한 염기 서열은 특정 조건하에 왼쪽 이중 나선을 형성할 수 있

4. 유전자, 암호, 진화

지만, 대체로 오른쪽 이중 나선이 안정적이고 흔한 구조다.

　오늘날 학생들은 시험에서 DNA가 오른쪽 이중 나선 구조라고 답하지만, 실제로는 왼쪽 나선과 오른쪽 나선을 구별하지 못하는 경우가 많다. 미디어에 등장하는 이중 나선 구조의 이미지 중 절반 가까이가 방향을 잘못 표시하고 있다. DNA를 주제로 한 책(왓슨의 자서전 『이중 나선』)이나 학술지의 표지, 심지어 왓슨이 직접 쓴 교과서에 나오는 그림까지도 그렇다. 왼쪽 나선으로 된 DNA 모형이 전시된 과학 박물관도 두 곳이나 가 본 적이 있다.

　학교에서 배운 내용인데 왜 이렇게 많은 사람이 좌우 나선을 구별하지 못하는 것일까? 아마 이런 기술이 실생활에서는 거의 필요하지 않기 때문일 것이다. 우리가 가장 자주 접하는 나선형 물체는 나사다. 나사는 보통 오른쪽 나선으로 되어 있다. 왼쪽 나사는 특별한 기계에만 사용되기 때문에 일반인은 거의 다룰 일이 없다. 만약 우리가 왼쪽 나사와 오른쪽 나사를 일상적으로 모두 사용해 왔다면 좌우 나선도 더 잘 구별할 수 있었을 것이다.

39

DNA는 산^酸이라는 것을 기억하자!

어떤 관점에서 보면 폴링의 핵산은 전혀 산이 아니었다.
위대한 과학자가 기본적인 화학 원리를 잊은 셈이다.

– 제임스 왓슨James Dewey Watson, 미국의 분자 생물학자

현대 미디어에서 가장 많이 사용되는 과학 이미지가 바로 이중 나선일 것이다. 그리고 가장 많이 인용되거나 오용되는 과학 용어는 아마도 DNA일 것이다. DNA는 'deoxyribonucleic acid(디옥시리보핵산)'의 약자이다. 여기서 'deoxyribonucleic'은 눈에 잘 띄지만, 평범한 단어인 'acid'는 쉽게 간과하게 된다. 우리는 종종 DNA가 산acid이라는 사실을 잊어버린다. 이처럼 간과된 사실 때문에, DNA 구조를 해독하는 대회에서 세 명의 과학자는 패배의 쓴잔을 마셔야 했다. 그 세 명은 바로 영국 케임브리지대학교의 왓슨과 크릭 그리고 미국 캘리포니아 공과대학교의 폴링이다.

DNA는 산이다. 왜냐하면 DNA의 구조적 단위가 '뉴클레오티드'이기 때문이다. 뉴클레오티드는 염기, 디옥시리보오스, 인산기 세 가지로 구성된다. 따라서 DNA 가닥에 몇 개의 뉴클레오티드가 있느냐에 따라 그만큼의 인산기를 포함하게 된다. 산은 이온화되어 양성자(H^+)를 방출한다. 중성의 수용액(세포 내부 환경)에서는 대부분의 DNA 인산기들이 양성자를 잃고 음전하를 띠게 된다. 이런 특성은 많은 교과서와 DNA 이중 나선 모델에서 잘 설명되지 않지만, 이를 염두에 두면 DNA의 구조와 성질을 이해하는 데 핵심이 된다.

먼저, 음전하를 띤 인산기는 강한 극성polarity과 친수성hydrophile을 가진다. 당시 런던 킹스 칼리지의 프랭클린이 X선 결정 회절 매핑 기법으로 DNA 구조를 연구하면서 DNA가 친수성을 띤다는 사실을 발견했다. 따라서 인산기를 지닌 골격은 구조의 바깥에 위치해야 하며, 소수성hydrophobe인 염기는 내부에 있어야 한다고 추론했다. 마치 세포막의 인지질 이중층처럼, 친수성 인산기는 외부로, 소수성 지방산은 내부로 향하는 구조와 유사하다.

하지만 왓슨과 크릭, 폴링 이 세 사람은 이 점을 제대로 이해하지 못했고, 차례로 잘못된 DNA 모델을 제시했다. 그들은 염기를 바깥쪽에 두고, 인산기를 안쪽으로 밀어 넣는 구조를 설계했다. 특히 폴링의 모델은 더 심각했는데, 그의 모델에서는 인산기가 전하를 띠지 않았다! 화학의 거장이 이런 실수를 저질렀다는 건 믿기 어려울 정도였다.

　DNA가 수용액에서 음전하를 띤다면, 용액에 산을 넣어 pH를 낮추고 양성자가 인산기에 붙어 인산의 음전하가 중화되면 친수성이 사라져 DNA가 침전될 수 있을까? 정답은 그렇다. 역사적으로 처음 백혈구에서 DNA를 분리해 낸 스위스의 생물학자 프리드리히 미셰르Friedrich Miescher는 산을 이용해 DNA를 침전시켰다.

　프랭클린이 분석했던 DNA는 송아지 흉선에서 추출된 것으로, 알코올을 이용해 침전시켰다. 오늘날 생물학 실험(중고등학생들이 과일에서 DNA를 추출하는 실험 포함)에서도 대부분 알코올을 사용하여 DNA를 침전시킨다. 알코올은 물보다 극성이 훨씬 낮으므로 DNA의 용해도를 떨어뜨려 침전을 유도한다. 이때 용액에는 충분한 양의 소금이 포함되어 있어야 한다. 소금은 물에 녹아 양이온으로 해리되며, 이 양이온이 인산기에 결합해 음전하를 부분적으로 중화시킨다. 그 결과 침전 과정에서 DNA 분자 간의 반발이 줄어든다.

　마찬가지로, 이 원리는 핵산 혼성화hybridization 실험에도 적용된다. 상보적인 염기 서열을 가진 단일 가닥의 DNA나 RNA를 결합하여 이중 나선을 형성할 때도 용액에 일정 농도의 소금을 추가해 인산기의 음전하를 중화시켜야만 서로 접근하여 결합할 수 있다.

심지어 침전이나 혼성화 실험을 하지 않더라도 DNA를 포함한 수용액에는 일반적으로 소량의 소금이 있어야 한다. 이는 DNA 분자 간 상호 배척을 줄이기 위해서가 아니라, DNA 이중 나선의 두 가닥 사이의 상호 배척을 줄이기 위해서이다. 이중 나선의 지름은 약 20Å(1Å=0.1nm)이고, 두 가닥은 음전하로 가득 채워져 있어서 서로 밀어내는 힘을 무시할 수 없다. DNA를 이온이 전혀 없는 순수한 물에 넣으면 상호 배척으로 인해 두 가닥이 분리될 수 있다.

이러한 배경을 이해하고 나면, 왜 왓슨과 크릭이 1953년 이중 나선 모형 논문 서두에서 "우리는 '디옥시리보핵산의 염salt of deoxyribonucleic acid' 구조를 제안하고자 한다"라고 썼는지를 이해할 수 있다. 여기서 주목할 점은 '염salt'이라는 단어다! 이중 나선 구조는 안정화를 위해 반드시 인산기(염 형성)와 결합된 양이온을 갖고 있어야 한다. 이것이 그들이 몸소 배운 귀중한 교훈이다.

잊지 말자! DNA는 산이지만, 세포 내에서는 염으로 존재하고 있다.

40
욕조 속의 DNA

유체 속에 잠긴 모든 물체는,
자신이 밀어낸 유체의 무게만큼의
위로 향하는 힘(부력)을 받는다.
– 아르키메데스 Archimedes, 고대 그리스의 과학자

나는 중학교 때 수영을 배웠지만, 여전히 '맥주병' 신세다. 그 이유를 굳이 찾아보자면 내 머리가 너무 크고 무겁거나, 몸의 밀도가 너무 커서가 아닐까 생각해 본다. 수영을 잘하는 친구들은 나에게 물속에서 힘을 빼면 몸이 자연스럽게 뜬다고 말하면서 시범을 보여 줬다. 그런데 그들이 가르쳐준 대로 물속에서 힘을 뺐더니 천천히, 아주 천천히 가라앉을 뿐이었다.

그러다 학회 참석차 이스라엘에 가게 됐는데, 주최 측에서 준비한 사해 투어에 참여하게 되었다. 그리고 드디어 그 짠 바닷물 속에서 내 몸이 둥둥 떠다니는 것을 경험했다!

사해의 염도는 약 34%, 밀도는 1.24g/cm³에 달한다. 밀도가 약 1.0g/cm³인 인체가 사해에 들어가면 약 4분의 1 정도의 몸이 물 위로 떠오른다(아르키메데스 원리). 만약 내 몸의 밀도가 물보다 정말로 높다면, 물 위로 떠다니는 부분은 4분의 1보다 적었을 것이다. 그런데 수면 위와 수면 아래에 있는 신체의 부피를 어떻게 측정할까? 원래 인체의 부피 자체가 측정하기 어렵다. 예전에 이걸 측정하기 위한 전용 장비가 있다는 글을 읽은 적 있다. 몸 전체를 액체에 담가서 측정하는 장비였다.

이 경험을 통해 DNA의 밀도 측정에 관한 사례가 떠올랐다. 이 주제는 1950년대 미국 캘리포니아 공과대학의 매슈 메셀슨과 프랭클린 스탈이 DNA 복제 방식을 연구하면서 본격적으로 다루기 시작했다. 이 두 젊은 과학자는 서로 다른 질소의 동위 원소(^{14}N과 ^{15}N)로 대장균의 DNA를 표지한 다음, 서로 밀도가 다른 DNA를 분리하기 위해 혁신적인 등밀도 원심 분리isopycnic centrifugation 기법을 개발했다. DNA를 고농도(약 7.7M)의 염화 세슘 용액에 녹이고, 초고속 원심 분리기에서 분당 45,000회 회전시키는 방식이었다. 이 때 가해지는 원심력은 무려 14만 G에 달한다. 이 강력한 원심력 덕분에 염화 세슘 용액 내의 세슘 이온이 조금씩 아래로 가라앉아 밀도 구배를 형성한다. 아랫부분의 밀도는 약 1.8, 윗부분의 밀도는 약 1.6이다. DNA는 자신보다 밀도가 낮은 곳에서는 가라앉고, 높은 곳에서는 떠오르기 때문에 결국 밀도가 약 1.7인 지점인 위치로 집중된다(^{15}N으로 표지된 DNA는 ^{14}N보다 약간 더 무거워서 좀 더 아래에 위치하게 된다). 이처럼 부력으로 측정된 DNA의 밀도를 '부력 밀도buoyant density'라고 하며, 우리가 보통 일반적으로 '질량 ÷ 부피'로 계산하는 밀도의 개념과는 다르다.

혹자는 이런 질문을 던질 수도 있다.

"DNA의 화학 구조를 알고 있으니 질량은 계산할 수 있지 않나요? 그렇다면 그 질량을 부피로 나누면 밀도가 나오잖아요."

물론 맞는 말이다. DNA 분자의 질량은 계산할 수 있다. 그렇다면 부피는 어떻게 알 수 있을까? 알다시피 분자는 원자로 구성되어 있는데, 원자는 전자구름으로 둘러싸여 있기 때문에 원자의 크기를 대략적으로만 추정할 수 있다. 이 전자구름은 뚜렷한 경계가 없고, 단지 전자가 분포할 확률만 나타내기 때문이다. DNA처럼 복잡한 분자의 부피를 계산하는 일은 이론적으로도 매우 까다로운 문제다.

사실 DNA는 진공 상태에서 존재하는 것이 아니며, 물속에서 독립적으로 존재하는 것도 아니다. DNA는 친수성이 매우 강해서 수용액에 부유浮游하며, 주변의 물 분자들과 수소 결합을 통해 디옥시리보오스나 염기에 결합한다. 이중 나선 구조의 특징인 '주홈major groove'과 '부홈minor groove' 역시 물 분자들이 밀착하여 붙기 좋은 공간을 제공한다. 이러한 긴밀한 상호 작용은 모두 이중 나선 구조를 안정화하는 데 도움이 된다.

DNA 구조 전문가인 리처드 디커슨은 아예 '물'을 DNA 구조의 네 번째 구성 요소로 포함시켜야 할 것을 제안하기도 했다. 메셀슨과 스탈이 염화 세슘 농도 구배에서 측정한 것은 DNA 그 자체의 밀도가 아니라, DNA에 밀착된 물과 양이온을 포함한 전체 복합체의 밀도였다. 염 농도가 매우 낮은 경우, 즉 수분 활성도water activity가 약 1인 환경에서는, 한 개의 뉴클레오티드당 약 50개의 물 분자가 결합되어 있다. 즉 DNA 분자는 물 분자들로 둘러싸여 있는 셈이다. 반면 DNA를 분리하는 데 사용되는 염화 세슘 용액의 수분 활성도는 약 0.8이고, 이때는 뉴클레오티드당 약 8개의 물 분자가 결합된다.

나 역시 예전에 염화 세슘보다 분자량이 더 큰 황산 세슘(Cs_2SO_4)을 이용해 DNA를 분리한 적이 있다. 황산 세슘은 원심 분리 시 형성되는 밀도 구배가 염화 세슘보다 더 가팔라서, 여기서 DNA가 나타내는 부력 밀도는 1.4로, 염화 세슘에서보다 0.3 낮았다. 그 이유는 황산 세슘이 DNA를 부유시키는 데 필요한 농도가 1.4M만

필요하기 때문이다. 이 농도에서 수분 활성도는 0.9를 초과하고, 뉴클레오티드당 결합되는 물 분자는 약 18개 수준이다. 물에 더 많이 결합되기 때문에, 자연스럽게 DNA의 전체 밀도가 더 낮아지는 것이다.

결론적으로 미시 세계에서 분자가 가라앉거나 뜨는 현상은 주변의 물 분자를 비롯하여 다른 분자의 영향을 떼어놓고는 설명할 수 없다. 거시 세계에서 사해에 둥둥 떠 있던 내가 코로 바닷물이 들어가지 않도록 조심해야 했던 것처럼 말이다.

41

DNA 수영 경기

자연 계열 전공 학생이라면 한 번쯤 과일에서 끈적끈적한 DNA를 추출한 다음 아가로오스 겔agarose gel을 이용하여 전기영동[14]으로 DNA를 분리하는 실험을 통해 분자 생물학의 기초 기술을 체험해 보았을 것이다. 전기영동 장치에서 pH가 중성인 완충 용액을 사용할 경우, DNA는 다수의 음전하(인산기)를 띠어 전기장을 걸면 양극 쪽으로 이동한다. 이때 겔은 일종의 체師 역할을 하며, 뭉쳐진 구형의 DNA 분자들이 그사이를 통과한다. 더 큰 DNA 분자는 방

---

14 전기영동(電氣泳動, Electrophoresis) 혹은 전기이동은 전극 사이의 전기장 하에서 용액 속의 전하가 반대 전하의 전극을 향하여 이동하는 화학적 현상이다.

해를 더 많이 받기 때문에 통과 속도가 느려지고, 그 결과 겔 속에서 DNA가 크기별로 분리가 이루어진다. 이 기술은 1970년대 초부터 분자 생물학자들 사이에서 널리 사용되어 왔다.

　하지만 기존의 아가로오스 겔 전기영동은 수백에서 수만 염기쌍 길이의 DNA만 분리할 수 있었다. 이 범위를 벗어난 분자는 효과적인 분리가 이루어지지 않았다. 너무 짧은 DNA 분자는 크기가 작아서 겔의 그물망이 전혀 방해가 되지 않았기 때문에 사실상 자유수free water에서 전기영동되는 것과 같으며 모두 동일한 속도로 움직여 분리가 어렵다. 반대로 너무 긴 DNA 분자는 공 모양으로, 그 크기가 너무 커서 겔의 그물망을 통과하지 못한다. 이 경우에는 DNA를 쭉 펴서 뱀처럼 겔 사이를 통과하게 해야 한다. 이때 뱀처럼 긴 DNA 분자가 받는 저항력과 전기장의 당기는 힘은 거의 비례하므로 크기가 다른 DNA 분자들도 이동 속도가 비슷해져 제대로 분리되지 않고 오히려 압착된다.

　일반적인 아가로오스 겔 전기영동으로 분리하기 어려운 작은 DNA 분자는 폴리아크릴아마이드 겔polyacrylamide gel 전기영동으로 분리할 수 있는데, 폴리아크릴아마이드 겔 전기영동은 구멍이 더 촘촘하고 주로 단백질을 분리하는 데 사용된다. 약 5만 개 염기쌍 정도의 길이 제한을 넘어서기 위한 획기적인 발견은 1983년에 이르러서야 미국 컬럼비아대학교의 대학원생 데이비드 슈워츠David Schwartz와 그의 지도 교수 찰스 캔터Charles Cantor가 펄스장 겔 전기영동Pulsed-Field Gel Electrophoresis, PFGE 기술을 개발하면서 이루어졌다. 사실 슈워츠는 하버드대학교 학부 4학년 시절에 이미 PFGE의 아이디어를 냈지만, 당시 두 명의 교수 모두 그 아이디어를 비웃으며 받아들이지 않았다. 그러다 컬럼비아대학의 캔터 교수의 연구실에 들어가면서 비로소 이 기술을 함께 발전시킬 수 있었다.

PFGE가 거대한 DNA를 분리할 수 있는 원리는 전기영동 중에 주기적으로 전기장의 방향을 일정한 간격(펄스 시간)으로 바꾸어 DNA 분자들이 수시로 방향을 틀도록 강제하는 것이다.

예를 들어 처음에는 DNA 분자를 왼쪽 앞 방향으로 이동하게 했다가, 일정 시간이 지난 후 전기장의 방향을 오른쪽 앞으로 바꾸는 것이다. 이 과정을 반복하면 큰 DNA 분자는 방향을 바꾸는 데 시간이 오래 걸려 실제로 앞으로 나아갈 수 있는 시간이 짧아진다. 반면 작은 DNA 분자는 빠르게 방향을 바꾸고 앞으로 나아갈 수 있는 시간이 더 길어진다. 이는 마치 수영 경기에서 선수들이 수영장 끝에서 턴하는 속도가 승부의 핵심이 되는 것과 같다. 수영 속도가 같더라도 턴 속도가 느리면 결국 뒤처지게 된다.

그런 의미에서 PFGE에서 펄스 시간은 핵심 요소다. 작은 분자는 짧은 시간 안에 완전히 방향을 바꿀 수 있지만, 큰 분자는 더 오랜 시간이 필요하다. 따라서 펄스 시간이 너무 짧으면 완전히 방향 전환을 하기도 전에 또다시 방향을 바꿔야 하기 때문에 앞으로 나갈 기회 자체를 잃게 된다. 따라서 분리하려는 DNA 분자가 클수록 펄스 시간도 더 길어져야 한다.

우리 연구실에서도 스트렙토미세스의 선형 염색체 DNA를 분리한 적이 있다(34편 참고). 그 길이는 800만 염기쌍(약 2.7mm)에 달했으며, 펄스 시간은 1시간으로 설정하고 총 5~7일 동안 전기영동을 진행했다. 이 기간에 DNA 분자는 120~168번 방향을 전환해야 했다. 그 결과 아주 아름답고 선명한 전기영동 분리가 이루어졌다.

물론 PFGE에도 한계는 있다. 최대 약 1천만 염기쌍 정도의 DNA만 분리할 수 있다. 대부분의 진핵생물 염색체는 이보다 훨씬 크기 때문에, 효과적으로 분리하기 위해서는 제한 효소로 절단해야 한다. 또한 대부분의 박테리아와 고세균의 염색체는 거대한 원형 DNA 형태를 띠는데, 이는 PFGE에서 분리할 수 없다. 그 이유는 이런 거대한 DNA가 겔의 그물망에 걸려 아예 움직이지 못하기 때문이다. 따라서 전기영동 전 효소를 사용하여 선형으로 절단해야 한다.

이처럼 거대한 DNA 분자를 다룰 때는 물의 전단력shear force에 특히 주의해야 한다.

  DNA의 길이가 10만 염기쌍 이상이면 물에서 살짝만 흔들어도 물 분자의 마찰로 인해 쉽게 끊어질 수 있다. 이런 문제를 막기 위해 PFGE를 하기 전에는 세포를 겔 속에 봉입하고, 계면활성제로 세포를 용해해 DNA를 손상 없이 방출한 뒤 전기영동을 수행해야 한다.

과학적 사고로 여는 새로운 세계

42

마술사 중의 마술사

효소 중에서도 DNA 토포이소머라아제는

마술사 중의 마술사다.

— 왕탁

무대 위 마술사는 두 개의 강철 고리를 손에 쥐고는 흔들고, 비비는 동작만으로 고리를 서로 연결했다가 다시 쉽게 분리해 낸다. 어릴 때 나는 이 묘기가 정말 신기하게 느껴졌다. 그런데 나중에 커서야 두 고리 중 하나에 눈에 잘 띄지 않는 아주 미세한 틈이 있어서, 다른 고리를 밀어 넣을 수 있는 속임수가 있었다는 사실을 깨달았다. 마술사의 빠르고 능숙한 손놀림으로 우리 모두가 속은 것이다.

이것을 위상학적 관점에서 보면, 그 두 고리는 실제로 하나의 고리와 하나의 '선'이다. 물론 고리와 선 사이를 문제없이 자유롭게 이동할 수 있다. 하지만 진짜 고리 두 개를 서로 엮으려면 반드시 하나의 고리를 잘라서 다른 고리를 통과시킨 뒤, 다시 절단 부위를 완벽하게 붙여야 한다. 마술사에게 그 정도 기술은 없고, 단지 눈속임만 했을 뿐이다.

그런데 이 눈속임 없이 실제로 DNA 고리 두 개를 연결하거나 분리할 수 있는 마술사가 있다. 그 마술사는 바로 우리 세포 안에 존재한다. 그들은 두 개의 DNA 고리를 엮기도 하고, 서로 엉켜버린 DNA 고리를 감쪽같이 분리하기도 한다. 이런 놀라운 기능을 가진 효소가 바로 'DNA 토포이소머라아제(국소이성질화효소)[15]'다. 고리형이든 선형이든, 모든 DNA 염색체가 복제할 때 이 효소가 필요하다. 만약 토포이소머라아제가 없다면 복제 후의 고리형 DNA 두 가닥은 서로 얽힌 상태로 남게 되어 분리될 수 없다. 예를 들어 1만 개의 염기쌍으로 구성된 고리형 DNA는 복제되기 전에 이중 나선 구조에서 약 1,000번 정도 꼬여 있다(염기쌍 10개마다 한 번 감기는 기준). 복제가 진행되면 두 가닥은 분리되어 각각 두 가닥으로 복제된다. 그러면 새로운 이중 나선을 형성하게 되는데, 이 두 새로운 DNA 가닥도 약 1,000번 감긴 상태가 된다. 이렇게 생성된

---

15 서로 꼬여 있는 이중 가닥 DNA를 과도하게 꼬이게 하거나 덜 꼬이게 하는 데 작용하는 효소다.

두 개의 얽힌 DNA 고리는 토포이소머라아제의 도움 없이는 절대 풀어낼 수 없다.

　선형 DNA의 경우, 이론적으로 복제된 두 개의 새로운 DNA는 서로 얽히기만 할 뿐 서로 맞물리지는 않는다. 길이가 짧으면 그나마 덜하겠지만, 일반적으로는 수만에서 수백만 번이나 얽혀 있어서 이를 단독으로 분리하는 것은 어렵다. 이때 효율적으로 분리하려면 토포이소머라아제가 필요하다. 이 문제는 1953년, 왓슨과 크릭이 두 번째로 발표한 DNA 이중 나선 구조 관련 논문에서도 언급되었으나, 오랫동안 해결되지 않았다. 그리고 1970년, 미국 UC 버클리에서 타이완 출신의 왕탁 박사가 DNA 토포이소머라아제를 발견하면서 마침내 그 해답을 찾을 수 있었다.

그렇다면 이 토포이소머라아제는 어떻게 마법을 부리는 것일까? 우선 이 효소는 DNA의 인산 디에스테르 결합phosphodiester bond을 절단한 후, 절단 지점의 인산기를 자신이 가진 티로신tyrosine 아미노산의 수산기hydroxyl group와 공유 결합으로 연결해 둔다. 그사이로 DNA 가닥이 통과한 다음 효소는 공유 결합을 끊고 원래의 절단 지점으로 돌려 틈을 메우고 결합을 복원한다. 그러면 흔적도 없이, 아무 일도 없었던 것처럼 DNA가 원래대로 돌아간다. 마술사가 사용하는 고리는 자세히 보면 미세한 틈이 보일 수 있지만, 토포이소머라아제가 작업한 DNA는 절단 흔적을 전혀 찾아볼 수 없다. 이렇게 처리 전후의 DNA는 화학 구조는 동일하지만, 이중 가닥이 서로 감긴 횟수나 DNA가 서로 얽힌 횟수는 달라진다. 이런 식으로 화학 구조는 같지만 위상적으로 다른 DNA 분자를 '토포이소머topoisomer'라고 하며, 토포이소머라아제는 이러한 토포이소머를 다른 토포이소머로 자유롭게 바꿀 수 있는 효소다.

토포이소머라아제는 크게 두 가지 유형이 있다. 제1형은 한 번에 DNA 단일 가닥을 절단한다. 제2형은 한 번에 이중 가닥 DNA를 절단할 수 있다. 이 두 가지는 모든 생명체가 반드시 수행해야 할 기능을 조절하는데, 그것은 바로 세포 내 DNA의 얽힘 정도를 조절하는 것이다. 제2형은 두 가닥이 얽히는 횟수를 줄이고, 제1형은 두 가닥이 얽히는 횟수를 늘린다. 이렇게 두 효소는 서로 절묘하게 협력하여 세포 내 DNA의 이중 나선 꼬임을 약 6% 정도 느슨한 상태로 유지한다. 덕분에 RNA 중합 효소나 DNA 중합 효소가 이중 나선을 쉽게 풀고, 전사와 복제를 효율적으로 수행할 수 있다.

지구상의 생물은 정보를 저장하기 위해 엄청나게 긴 DNA를 진화시켰는데, 그 긴 DNA가 얽히지 않고 정상적으로 작동하려면 토포이소머라아제가 꼭 필요하다. 이 효소는 DNA의 비틀림, 접힘, 재조합, 전위, 손상 복구 등 다양한 핵심 과정에도 깊숙이 참여한다.

이처럼 진정한 '마술사 중의 마술사'인 토포이소머라아제는 발견된 지 반세기가 넘었는데도, 아직도 노벨상의 무대에 오르지 못했다는 사실이 도무지 이해되지 않는다.

43

우연히 만난 네 가닥의 DNA

사중 나선체^{G-quadruplex}가 시험관 속에서

그렇게 쉽게 형성된다면, 자연은 반드시

생물체에서 그것을 활용하는 방법을 찾아낼 것이다.

– 에런 클루그^{Aaron Klug}, 영국의 생물 물리학자이자 화학자

　1976년, 미국 오하이오주에서 연구원으로 일하던 당시, 나는 DNA 재조합 메커니즘에 매료되어 있었다. 특히 동일한 서열의 두 가닥의 DNA가 세포 내에서 서로를 인식할 수 있다는 사실에 놀라움을 금치 못했다.

　어느 날, 나는 종이와 펜 그리고 가위를 들고 이리저리 머리를 굴려보다가, 두 개의 A:T 염기쌍이 두 개의 수소 결합을 통해 서로 마주 보며 결합할 수 있고, 두 개의 G:C 염기쌍 역시 마찬가지로 두 개의 수소 결합을 통해 서로 마주 보며 결합할 수 있다는 사실을 발견했다. G:C는 G:C와 쌍을 이루고, A:T는 A:T와 쌍을 이

과학적 사고로 여는 새로운 세계

룬다면, 같은 서열을 가진 두 DNA 가닥이 서로 쌍을 이룰 수 있는 게 아닌가?

　이론은 반드시 실제 실험을 통해 검증해야 하기에 나는 차를 몰고 미시간주립대학으로 향했다. 그곳에서 분자 모형 세트를 빌려와 네 가닥의 DNA를 조립해 보기로 했다. 먼저 A:T와 G:C 염기쌍을 만들고, 같은 염기쌍끼리 수소 결합으로 연결해 봤다. 여기까지는 아무 문제 없었다. 그다음엔 디옥시리보오스와 인산의 골격을 바깥쪽으로 연결하여 네 가닥의 구조를 만들어 봤다. 전체적으로 봤을 때, 눈에 띄는 부딪힘이나 구조적인 장애는 보이지 않았다. 나는 매우 흥분해서 바로 논문을 쓰기 시작했다.

　당시 내 지도 교수였던 제임스 맥코쿼드일 James McCorquodale 은 네 가닥으로 이루어진 DNA 모델에 큰 기대를 걸었다. 마침 그가 콜드스프링하버 연구소에서 열리는 회의에 참석할 예정이었기에, 그는 내 논문 초고를 가져가 당시 콜드스프링하버 연구소장이었던 제임스 왓슨에게 자문을 구했다. 그리고 얼마 후, 나는 왓슨으로부터 짧은 편지를 받았다. 그는 이제 DNA 연구를 하지 않는다며, 대신 프랜시스 크릭에게 의견을 구하라고 했다. 당시 크릭은 캘리포니아의 솔크 연구소 Salk Institute for Biological Studies 로 자리를 옮긴 상태였다. 나는 논문을 크릭에게 보냈고, 얼마 지나지 않아 답장을 받았다. 그도 반년 전 영국 캠브리지에서 비슷한 모델을 연구해 본 적이 있다고 했다. 그는 연구 중 문제를 하나 발견했는데, 네 가닥 중 두 가닥의 인산 골격이 너무 가까워져 음전하를 띠는 인산끼리 서로 밀어내 구조가 불안정하다는 것이었다. 크릭은 나중에, 그와 똑같은 모델이 이미 3년 전 스코틀랜드의 마이클 맥개빈^{Michael McGavin}에 의해 발표되었다고 알려 주었다.

이로써 나의 네 가닥 DNA 모델 프로젝트는 막을 내렸다. 그 후 나는 하버드대학의 토머스^{Charles Thomas, Jr.}교수 연구실에 지원했고, 면접에서 그는 나에게 네 가닥 DNA 구조에 대해 설명해 달라고 했다. 그는 이 구조가 자신이 연구하던 진핵생물의 염색체 말단 구조, 즉 '텔로미어^{telomere}(말단 소립)'의 안정성과 관련 있을 수도 있다고 보았다. 그의 예측 중 절반은 맞았다. 후속 연구에서 말단 소립의 DNA가 실제로 네 가닥 구조를 형성한다는 사실이 밝혀졌는데, 그 구조는 내가 제안한 형태와는 또 다른 종류였다.

텔로미어 DNA의 3′ 말단은 보통 단일 가닥으로 되어 있는데, 이 부분에는 G(구아닌)가 반복된 서열이 포함되어 있다. 이것은 종이 클립처럼 네 번 접혀서 네 가닥 구조인 G-사중 나선체^{G-quadruplex, G4}를 형성한다. 이 구조 내부에서는 네 개의 G가 여덟 개의 수소 결합을 통해 서로 지지하며 정사각형 모양을 이루고, 이를 중심으로 당-인산 골격이 각 네 개의 꼭짓점에 자리한다. 이들은 서로 멀리 떨어져 있기 때문에(이중 나선 구조와 비슷함) 음전하를 띠는 인산끼리 서로 밀어내는 문제는 발생하지 않는다.

텔로미어 외에도 염색체에는 동일하거나 유사한 G4 구조를 형성할 수 있는 서열이 존재한다. 컴퓨터 분석에 따르면 인간 염색체에서 약 71만 개 이상의 서열이 G4를 형성할 수 있다고 한다. 실제 분자 생물학 실험을 통해서도 세포 내의 G4 구조가 텔로미어와 염색체의 다른 부분에서 형성된다는 사실이 확인되었다. 이러한 G4 서열 중 다수는 유전자 전사의 시작 지점에 위치하며, 이는 G4 구조가 유전자 조절과 깊은 관련이 있을 가능성을 시사한다.

인간 유전자의 절반가량은 시작 지점에 G4 형성 서열을 가지며, 이들 중 다수는 암과 관련된 유전자를 포함한다. 따라서 최근 수많은 연구실이 G4 구조를 선택적으로 촉진하거나 풀어 주는 소분자 및 단백질을 활발히 연구 중이다. 예를 들어 G4 구조를 해체하는 DNA 헬리케이스(해리 효소)와 같은 단백질이 여기에 포함된다. 이러한 연구는 암과 유전 질환 등 유전자 발현과 관련된 질병을 예방하고 치료하는 데 실질적 도움을 줄 수 있을 것으로 기대된다.

우리에게 익숙한 왓슨-크릭의 이중 나선은 DNA의 대표적인 구조일 뿐, DNA가 반드시 그 구조를 그대로 유지해야 하는 것은 아니다. 특정한 DNA 서열은 생리적 조건에 따라 다양한 형태를 취하며, 이러한 구조적 변형은 특정 생물학적 기능에 관여하므로 종에 유익하다면 자연 선택을 통해 보존된다. G4는 그러한 DNA의 또 다른 얼굴 중 하나일 뿐이다.

과학적 사고로 여는 새로운 세계

44

서로 다른 길, 하나의 암호 시스템

생물학은 마치 의도적으로 설계된 것처럼 보이는

복잡한 대상을 연구하는 학문이다.

— 리처드 도킨스Richard Dawkins, 미국의 진화학자

20세기 생물학에서 놀라운 발견 중 하나는 유전자가 DNA의 네 가지 염기(A, T, G, C) 서열을 통해 정보를 저장한다는 사실이었다. 세포는 이 염기 서열을 해독하여 아미노산 서열로 번역하고 다양한 단백질을 형성하는데, 이 단백질은 생물체 내에서 신진대사나 구조 형성 등 다양한 역할을 수행한다. 다시 말해서 생물체는 DNA의 염기 서열에 단백질의 아미노산 서열을 암호화하는 유전 암호 체계를 가지고 있는 것이다.

특정 신호를 통해 다른 신호를 전달하는 이러한 암호 체계는 본래 인간이 고안한 통신 수단에서만 활용되던 개념이었다. 예컨대 18세기의 깃발 신호, 19세기의 모스 부호, 20세기의 현대 컴퓨터 등이 그것이다. 이 모든 암호 체계는 인위적이고 계획적으로 설계되었다. 그런데 지구상의 생명체가 무작위적 진화 과정을 거치면서도 스스로 하나의 암호 체계를 발전시키고 모든 종에 걸쳐 공통으로 적용할 수 있다는 것은 실로 경이로운 일이다.

컴퓨터 과학과 유전학은 모두 19세기 후반에 뿌리를 두고 있으며 20세기에 들어서 비약적으로 발전했다. DNA 이중 나선 구조와 유전 암호 체계가 발견되던 시기, 컴퓨터 역시 하드웨어와 소프트웨어의 기본 구조를 갖추기 시작했다. 초창기의 거대하고 복잡한 기계 부품들은 진공관으로 대체되었고, 다시 트랜지스터와 집적회로IC로 발전했다. 하드웨어는 점점 작아지고, 속도는 빨라지며, 메모리 용량은 비약적으로 늘어났다. 초기의 컴퓨터는 기본적으로 하나의 프로그램만을 수행하도록 설계되어 있었고, 프로그램을 변경하려면 기계와 회로를 직접 수정해야 하는 번거로움이 있었다.

1936년, 앨런 튜링Alan Turing이 '내장 프로그램'이라는 개념을 제안했고, 이후 존 폰 노이만John von Neumann 등이 이를 발전시켜 현대 컴퓨터의 기본 구조를 확립했다. 이 구조에서는 명령어와 데이터가 모두 컴퓨터의 메모리 안에 저장되어 있다가, 작업이 필요할 때마다 특정 명령어나 데이터를 호출해 검색 및 실행한다. 명령어 실행 시점도 미리 설정하거나 상황에 따라 유동적으로 결정될 수도 있다. 이러한 설계는 기능성과 유연성, 안전성을 크게 향상시켰고, 결과적으로 현대 컴퓨터 시스템의 주류로 자리 잡았다.

컴퓨터는 0과 1, 두 가지 단위를 이용해 정보를 1차원 1D 선형 배열 형태로 하드웨어에 저장한다. 흥미롭게도 DNA의 염기 서열 역시 1D 선형 배열로 구성되어 있으며, 이 배열이 염색체(세포의 하드웨어 역할)에 저장된다. 이 외에도 둘 다 모두 필요에 따라 정보를 선별하여 사용하고, 실행 전략도 놀라운 유사성을 보인다.

세포가 특정 유전자의 명령을 실행해야 할 때, 해당 유전자의 염기 서열은 mRNA로 전사transcription되고, 이 mRNA는 리보솜에 있는 단백질의 아미노산 서열로 번역translating된다. 그러면 이들 단백질은 세포 내에서 각자의 임무를 수행하게 된다. mRNA는 불안정하여 일정 시간이 지나면 분해되고, 새로운 mRNA가 생성되지 않으면 해당 유전자는 자연스럽게 비활성화된다. 컴퓨터에서도 프로그램을 실행하거나 특정 데이터를 사용할 때 필요한 정보만 램Random Access Memory, RAM에 복사해서 실행한다. 램에 저장된 정보 역시 일시적이며 언제든지(정전 포함) 삭제될 수 있다.

즉, 램과 RNA에 저장된 정보는 모두 일시적이고 소모적이지만, 하드디스크나 염색체처럼 상대적으로 안정된 저장소에 원본 데이터는 영구 보존된다. 이는 마치 도서관의 책을 직접 대출하지 않고 복사본만 빌려주는 것과 비슷하다. 원본 데이터는 최대한 원래 형태로 보존된다. 흥미로운 점은 컴퓨터의 기본 운영 체계는 분자 생물학에서 영감을 받은 것이 아니라는 것이다.

튜링의 내장 프로그램 개념은 DNA 이중 나선 구조가 발견되기 훨씬 이전에 제시되었다. 결국 자연계에서 무작위적 진화를 통해 탄생한 생물학적 시스템과 인간이 의도적으로 설계한 컴퓨터 시스템이 놀랍도록 비슷한 구조를 가지게 된 것은 필연적이었다고 볼 수 있다. 결과론적으로 보면 프로그램이 저장소를 공유하고, 선택적으로 실행하며, 소모성 데이터를 활용하는 이 일련의 시스템은 효율성과 안정성이라는 논리적 원칙에 너무나 잘 부합한다. 이보다 더 나은 설계는 상상하기조차 어렵다.

그렇다면 생명체의 궁극적인 정보 시스템인 우리의 뇌는 어떨까? 뇌의 정보 저장 및 처리 메커니즘은 단순한 1차원 디지털 체계를 훨씬 뛰어넘는다. 그 복잡성과 진실은 여전히 베일에 가려져 있다.

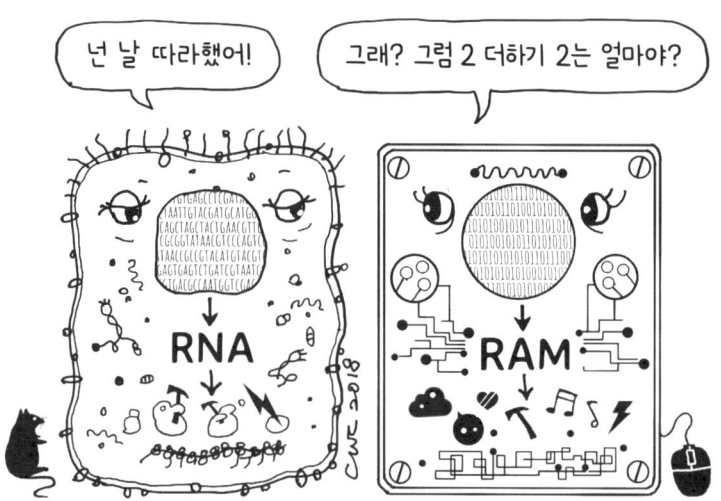

45

단백질이 먼저일까, RNA가 먼저일까?

자연을 진지하게 연구하기 시작한 지금,

우리는 문제의 방대함과 그 답을 향해 나아가야 할

여정의 길이를 어느 정도 가늠할 수 있다.

— 프랑수아 자코브François Jacob, 프랑스의 분자 생물학자

어렸을 때 아버지가 냉장고를 하나 사오셨다. 지금 생각해 보면 냉장고는 위 칸에 커다란 얼음덩어리를 넣어 아래 칸의 식품 온도를 낮추는 매우 원시적인 방식이었다. 플러그를 꽂을 필요도 없었고, 온도 조절 기능도 없었다. 그저 주기적으로 얼음을 추가하면 그만이었다.

이후, 압축 모터를 사용하는 전기냉장고가 등장하면서 효율성이 크게 향상되었고, 온도 조절이 가능해졌다. 이때의 온도 조절 방식은 서로 다른 팽창 계수를 가진 두 종류의 금속을 결합한 막대를 이용해 온도 변화에 따라 막대가 휘어지면서 모터의 작동을 제어하는 방식이었다. 그러나 이 구식 메커니즘도 이제는 거의 쓰이지

않는다. 그 자리는 마이크로프로세서microprocessor를 이용한 디지털 프로그램 제어로 대체되었고, 단순히 온도나 조명, 해동, 제빙 기능만 조절하는 수준을 넘어 최근 몇 년 동안 사물인터넷IoT 기술이 접목되면서 식품 추적 및 자동 주문, 요리 보조, 가정 내 통신 기능까지 수행하는 고급 지능형 냉장고로 거듭났다.

냉장고의 발전사는 산업 발전의 흐름을 그대로 반영한다. 가장 초기의 냉장고는 기본 기능만 갖춘 단순한 하드웨어였고, 이후 효율성이 향상되면서 아날로그 제어 기능이 추가되었고, 최종적으로는 디지털 소프트웨어 시스템으로 넘어가 다양한 정밀 제어 기능을 제공하는 형태로 진화했다.

생명의 기원과 진화 역시 이와 비슷하지 않을까? 최초로 등장한 생물은 효율이 극히 낮았고, 별다른 조절 장치도 갖추지 못했을 것이다. 시간이 지나면서 점차 효율성이 높아지고, 정교한 조절 기능이 발달했으며, 결국 반복 사용 가능한 유전 프로그램(유전자)과 정보 암호화 시스템이 탄생했다. 이러한 관점에서 본다면, 생명의 기원은 단백질(하드웨어)이 먼저, 이후에 핵산(소프트웨어) —RNA나 DNA— 이 등장했다고 생각할 수 있다.

이러한 '단백질이 먼저'라는 주장은 현재 생물학계의 주류 이론인 'RNA 월드 가설'과는 대조적이다. RNA 월드 가설은 RNA가 최초의 생명 분자였으며, 이후에 단백질과 DNA가 등장했다고 본다. 초기 RNA 세계에서는 RNA가 한편으로는 유전 정보를 운반하고, 다른 한편으로는 효소처럼 생화학 반응을 촉진했으며, 나아가 자신의 복제를 촉진하는 역할까지 했다고 가정한다. 이 가설에 따르면, DNA는 촉매 능력이 부족하고, 단백질은 스스로 복제할 수 없기 때문에 RNA보다 나중에 생명의 시스템에 편입되었다. DNA는 RNA보다 훨씬 안정적이기 때문에 유전 정보의 저장을 담당하게 되었고, 단백질은 뛰어난 다양성과 효소 활성을 통해 생화학적 촉매 기능 대부분을 대체하게 되었다는 것이다.

하지만 이른바 'RNA의 자기 복제 능력'이란 것도, 과학자들이 시험관 내에서 수많은 RNA 분자(천문학적 숫자)를 인위적으로 선별하여, 특정 서열의 긴 RNA 서열(수백 개의 뉴클레오티드로 구성)이 짧은 상보적 폴리뉴클레오티드(수십 개의 뉴클레오티드)를 합성하는 능력을 지닌 RNA를 얻어 낸 것에 불과하다. 이 합성 과정은 RNA를 주형으로 삼아 상보적 분자를 합성하는 것이지, 자기 자신과 완전히 동일한 분자를 만드는 것은 아니다. 따라서 엄밀히 말하면, 이러한 RNA는 진정한 의미의 '자기 복제'를 한다고 볼 수 없다.

우리는 이미 세포 내에서 단백질이 어떻게 메신저 RNA(mRNA)

를 통해 번역되어 합성되는지를 잘 알고 있다. 그러나 단백질은 mRNA나 리보솜 없이도 독립적으로 디펩타이드(짧은 아미노산 사슬)를 합성할 수 있다. 예를 들어, 악티노마이신 D actinomycin D, 반코마이신 vancomycin, 블레오마이신 bleomycin, 사이클로스포린 cyclosporin 등 특수 기능을 가진 많은 펩타이드는 별도의 효소 시스템에 의해 합성된다. 이들 효소 시스템은 대개 여러 종류의 효소가 조립된 복합체로, 주형 기능과 촉매 기능을 동시에 수행하며, 특정 순서에 따라 아미노산을 연결해 펩타이드를 만든다. 그러나 이 경우 역시, 스스로를 복제할 수 있는 단백질은 아직 발견되지 않았다.

초기의 생명 분자들은 아마도 자신을 정확히 복제할 수는 없었을 것이다. 대신, 비슷한 종류의 분자를 합성하는 정도의 기능만 가지고 있었을 가능성이 높다. 이후, 증식한 분자 집단 중에서 서로 합성을 도와주는 분자들이 출현했을 것이다. 예를 들어, 두 종류의 분자가 존재하여, 하나는 다른 하나를 합성하고, 또 다른 하나는 다시 첫 번째를 합성하는 식이다. 이는 DNA의 이중 가닥이 상보적 복제를 통해 서로를 주형 삼아 복제하는 방식과 유사하다.

다만, DNA는 여전히 복제 과정에서 효소(단백질)의 도움이 필요하다. 반면, 상보적인 단백질 분자들은 서로를 촉매하며 합성될 수 있는 구조였기 때문에, 스스로 복제 기능을 수행했을 가능성이 있다.

이러한 방식으로 점차 확대된 단백질 세계에서는 다양한 기능을 가진 효소들이 출현하고, 이는 결국 핵산 기반 정보 시스템이 등장할 수 있는 토대를 마련했을 것이다.

물론 이는, 내가 냉장고의 발전사를 관찰하며 수십억 년 전 생명의 기원에 대해 상상해 본 하나의 가설일 뿐이다.

46

돌연변이, 변화하고 또 변화하다

DNA의 진정한 경이로움은, 그것이 가끔

실수를 저지른다는 점에 있다. 이 능력이 없었다면,

우리는 여전히 혐기성 세균에 머물러 있었을 것이며,

음악도 존재하지 않았을 것이다.

— 루이스 토머스Lewis Thomas, 미국의 의사이자 작가

대형 동물은 대체로 소형 동물보다 수명이 길다. 기원전 350년, 아리스토텔레스는 이미 『장수와 단명의 이유에 관하여』라는 책에서 이 사실을 언급했다. 수명이 긴 대형 동물은 성장하는 동안 세포 분열을 훨씬 더 많이 반복하고, 그만큼 염색체 복제도 더 자주 일어난다. 현대 암 연구의 관점에서 보면, 염색체가 복제될 때마다 돌연변이가 발생할 수 있으니, 돌연변이가 많이 쌓일수록 암 발생 확률도 높아질 것이다.

그렇다면, 코끼리는 쥐보다 훨씬 더 암에 걸리기 쉬워야 하지 않

과학적 사고로 여는 새로운 세계

을까? 그러나 실제로는 그렇지 않다. 암 발생률은 동물의 체격이나 평균 수명에 비례하지 않는다. 1977년, 영국의 역학자 리처드 페토 Richard Peto는 이 역설적인 현상을 지적했다. 이를 '페토의 역설'이라고 부른다.

최근 이 페토의 역설을 다룬 두 편의 논문이 《네이처》지에 실렸다. 프랑스 몽펠리에대학의 오르솔야 빈체Orsolya Vincze가 이끄는 국제 연구팀은 동물원에 사는 191종의 포유류(총 11만 마리 이상)를 조사했다. 연구 결과, 암으로 인한 사망률은 종의 체격이나 평균 수명과는 본질적으로 무관했으며, 이는 페토의 역설을 완벽하게 지지하는 결과였다.

한편, 영국 웰컴 생거 연구소Wellcome Sanger Institute의 이니고 마르틴 코레나Iñigo Martincorena 팀은 더욱 직접적으로 16종 포유류의 돌연변이율을 측정하는 연구를 진행해 흥미로운 결과를 얻었다.

동물의 돌연변이율을 측정하는 것은 결코 간단한 일이 아니다. 마르틴코레나 팀은 대장 내 소장샘crypt 조직을 분석 대상으로 삼았다. 이 소장샘은 장의 표면에 존재하는 작은 주름 구조로, 모두 하나의 공통된 줄기세포에서 유래한다. 이곳에서 일어나는 돌연변이는 대부분 내인성 요인에 기인하기 때문에, 다양한 연령대의 동물에서 소장샘 세포를 분석하면 해당 종의 돌연변이율을 추정할 수 있다.

연구팀은 소장샘 세포에서의 돌연변이 수가 나이가 들수록 선형적으로 증가한다는 사실을 확인했다. 그러나 더 놀라웠던 것은 종마다 돌연변이율의 차이가 매우 크다는 점이었다. 예를 들어, 인간과 생쥐는 유전체 크기가 비슷하지만, 생쥐는 인간보다 매년 17배나 많은 돌연변이를 축적했다(연간 796건 대 47건).

마르틴코레나 연구팀은 돌연변이율과 종별 체중, 번식당 새끼 수litter size, 신진대사율, 평균 수명 사이의 상관관계를 분석했다. 그 결과, 돌연변이율은 체중이나 새끼 수가 아니라 평균 수명과 가장 밀접한 관련이 있는 것으로 나타났다. 즉, 수명이 긴 동물일수록 돌연변이율이 낮고, 수명이 짧은 동물일수록 돌연변이율이 높았다.

이러한 패턴 덕분에 다양한 종들 사이에서 평생 동안 누적되는 돌연변이 총량은 대체로 비슷해진다. 이는 왜 대형 동물과 소형 동물 간에 암 발생률이 비슷한지를 설명해 주는 열쇠가 된다.

여러분들은 이렇게 생각할 수도 있다. '돌연변이가 해롭다면, 생명체는 돌연변이를 최대한 억제하는 방향으로 진화했어야 하지 않을까? 그런데 왜 수명이 짧은 소형 동물은 이렇게 높은 돌연변이율을 유지할까?'

나는 그 이유가 '돌연변이는 무조건 나쁘다'는 전제 자체에 있다고 본다. 돌연변이는 개인의 건강에는 분명 해롭다. 그러나 종 전체에는 꼭 필요하다. 왜냐하면, 진화에는 변이가 필수적이기 때문이다. 변이가 있어야 생존 경쟁과 자연 선택이 가능하고, 변이를 만들어 내는 메커니즘이 바로 돌연변이이다. 돌연변이가 없다면, 생물은 환경 변화에 적응하지 못하고 언젠가 도태될 수밖에 없다. 돌연변이는 진화의 원동력이다.

성공적인 생명체는 모두 자신에게 최적화된 돌연변이율을 통해 진화해 왔다. 수명이 짧은 소형 동물은 빠르게 세대를 교체해야 하므로, 더 높은 돌연변이율을 통해 더 많은 변이 개체를 만들어 내고, 그중에서 자연 선택을 통해 살아남는 방향으로 진화하는 것이다.

돌연변이율을 결정하는 요인은 매우 다양하다. 외부의 물리적·화학적 돌연변이 유발 인자뿐 아니라, 세포 자체의 DNA 복제 효소의 정확성, DNA 수선 시스템의 종류와 효율성 등이 매우 중요하다.

대형 동물은 대체로 더 정확한 DNA 복제 효소와 더 많은 DNA 수선 시스템을 갖추고 있다. 예를 들어, 인간은 TP53이라는 종양 억제 유전자가 한 쌍만 존재하지만, 코끼리는 무려 20쌍이나 보유하고 있다.

물론 체세포에서 발생하는 돌연변이는 후손에게 직접 유전되지는 않는다. 그러나 체세포의 돌연변이 누적은 암 발생뿐 아니라 개체의 노화와 사멸에도 기여한다. 그리고 개체의 노화와 사멸은 종의 진화에 있어 또 하나의 필수 요소다. 낡은 것은 물러나야 새로운 것이 온다.

돌연변이는 귀찮고 불편한 존재처럼 느껴진다. 하지만 돌연변이가 없었다면 오늘날의 우리도 존재하지 않았을 것이다.

47

궁하면 변하고, 변하면 통한다
: 진화의 이야기

궁하면 변하고, 변하면 통하며,

통하면 오래 지속된다.

―『주역』의 〈계사하전〉 중에서

1930년대, 미국 매사추세츠의 한 시골 여관에서 벌어진 이야기가 오늘날까지 전해 내려온다. 여관 주인 루스는 손님을 대접하기 위해 초콜릿 쿠키를 굽던 중 평소에 사용하던 초콜릿 가루가 떨어진 것을 알게 되었다. 난감한 상황 속에서 루스는 급히 반죽에 가지고 있던 달콤한 고형 초콜릿을 잘게 부숴 넣었다. 그런데 구워낸 쿠키에서는 초콜릿 조각이 완전히 녹지 않고 그대로 남아 있었고, 그 덕분에 부드러운 반죽 속에 바삭한 식감이 더해졌다. 이렇게 즉흥적으로 만들어진 초콜릿 칩 쿠키는 오히려 대히트를 기록하며 전설적인 디저트로 자리 잡게 되었다.

263

이런 뜻밖의 발명은 생물 진화에서도 종종 일어난다. 다만, 진화는 인간처럼 목적을 갖고 움직이는 것이 아니라 완전히 맹목적이다.

개체에 무작위로 발생하는 돌연변이는 흔히 어떤 기능을 상실시키고, 이는 개체에 불리하게 작용한다. 이때 경쟁력을 회복하는 가장 직접적인 방법은 처음의 상태로 되돌리는 것이다. 예를 들어, 어떤 유전자의 아데닌(A)이 구아닌(G)으로 변이되어 단백질 기능이 소실되었을 때, 다시 G가 A로 돌아오면 원래 상태로 복구된다.

하지만 이렇게 정확한 되돌림은 확률적으로 극히 드물다. 실제로는, 기능을 회복시키는 돌연변이가 대부분 다른 위치에서 발생한다. 마치 부정적인 변화를 또 다른 부정적인 변화가 상쇄하는 것처럼 말이다. 이런 현상을 유전학에서는 억제 돌연변이suppressor mutation라고 부른다. 억제 돌연변이는 같은 유전자 내에서 일어날 수도 있고, 완전히 다른 유전자에서 발생할 수도 있다.

같은 유전자 내에서 발생하는 억제 돌연변이는 유전자 내 억제intragenic suppression라고 부른다. 이는 주로 해당 유전자가 코딩하는 단백질의 두 부위가 상호 작용할 때 일어난다. 첫 번째 변이로 인한 결함이 두 번째 변이로 인하여 보완되는 식이다. 또 다른 경우로는, 원래 변이로 인해 한 염기쌍이 삭제되었는데, 억제 돌연변이로 인해 다른 위치에 염기쌍이 추가되어 유전자 전체 길이를 회복하는 경우가 있다.

한편, 다른 유전자에서 발생하는 억제 돌연변이는 유전자 간 억제intergenic suppression라고 한다. 이 경우 양상이 더욱 다양하다. 예를 들어, 두 개의 서로 다른 단백질이 구조적으로 상호 작용하는 경우, 한 단백질의 변이가 다른 단백질의 변이로 상쇄될 수 있다. 또 다른 예로는, 대사 경로에서의 억제다. 어떤 대사 경로에서 A라는 당이 B로 변환되고, 다시 C로 전환된다고 하자. 이때 중간 산물인 B가 독성을 띠지만, 원래라면 곧바로 무독성인 C로 전환되기 때문에 문제가 없다. 그러나 B를 C로 바꾸는 효소가 변이로 인해 기능을 잃으면 B가 축적되어 세포가 죽을 수 있다. 이 경우, A를 B로 변환하는 효소 자체에 변이를 일으켜 B의 생성을 차단하는 식으로 문제를 해결할 수 있다. 물론 이 경우 대가로 A를 이용한 대사는 불가능해진다.

겉으로 보기에는 억제 돌연변이로 인해 특별한 변화가 없는 것처럼 보일 수 있다. 그러나 실제로는 세포 안에서 두 개 이상의 유전자 변이가 발생했고, 심지어 대사 경로 자체가 달라졌을 수도 있다. 좋든 나쁘든, 새로운 변종은 새로운 진화적 경로를 걷게 된다. 이처럼 기존의 변이를 보완하며 나아가는 진화를 보상적 진화compensatory evolution라고 부른다.

보상적 진화는 진화 과정에서 개체군의 다양성을 빠르게 증진 시키며, 진화를 촉진하는 중요한 힘으로 작용한다. 다양한 억제 돌 연변이를 연구함으로써 과학자들은 유전자 간, 대사 경로 간의 복 잡한 상호 작용을 들여다볼 수 있게 되었고, 나아가 새로운 의학적 접근법을 개발하는 데까지 이어지고 있다.

　특히 억제 돌연변이의 원리를 바탕으로 보면, 유전적 배경이 다 른 개체군에서는 동일한 돌연변이라 하더라도 전혀 다른 결과를 초래할 수 있음을 알 수 있다. 실제로 인체 유전체 데이터베이스를 분석해 보면, 치명적인 병원성 돌연변이를 가지고 있음에도 발병 하지 않는 사람들이 존재한다. 이는 이들의 유전체에 그 치명적 돌 연변이를 상쇄하는 하나 이상의 억제 돌연변이가 존재하기 때문으 로 해석할 수 있다.

　현재 일부 연구실에서는 이런 억제 돌연변이 메커니즘을 적극적 으로 탐구하고 있으며, 이를 통해 특정 유전 질환을 치료하는 새로 운 유전자 치료법을 개발하려고 시도하고 있다.

저 돌연변이가 나보다 더 인기가 있다니!

48

살아 있는 화석의 진화

조물주가 특별한 뜻을 품고 이를 만든 것일까,

아니면 혼돈 속에서 우연히 빚어진 것일까?

한 번 형성된 이후 수천만 년 동안 변치 않은 채,

혹은 베네수엘라 어느 구석에,

혹은 깊은 호수 밑에 잠겨 있기도 했으니…

— 백거이, 〈태호석기〉 중에서

타이완 서해안에 서식하는 세가시투구게Tachypleus tridentatus는 한때 멸종 위기에 처했었다. 그러나 최근 연구팀, 지방 정부, 자원봉사자들의 노력으로 보호 활동에 성과가 나타나고 있다.

현재 전 세계에는 오직 네 종의 투구게만이 남아 있다. 세가시 외에 동남아시아 해안에는 남방투구게Tachypleus gigas와 맹그로브투구게Carcinoscorpius rotundicauda가, 북미 대서양 해안에는 아메리카투구게Limulus polyphemus가 존재한다.

투구게는 약 4억 8천만 년 전 고생대 오르도비스기Ordovician에 등장해, 무려 네 차례에 걸친 대멸종 사태를 견뎌 냈다. 그 시기의 동물 대부분은 멸종하거나 완전히 다른 모습으로 진화했지만, 투구게종은 조상과 거의 다름없는 형태를 지켜오며 오늘날까지 살아남았다. 이 때문에 투구게는 '살아 있는 화석'이라는 별칭을 얻게 되었다.

투구게는 절지동물문 퇴구강 검미목Arthropoda, Merostomata, Xiphosura에 속한다. 현재 생존하는 네 종은 형태가 매우 유사하며, 같은 종 내 개체 간에도 변이가 극히 제한적이다.

이처럼 고대에는 광범위하게 분포했지만, 동류의 생물들은 모두 사라지고 자기 종만 홀로 남아 있는 생물을 '잔존 생물殘遺生物, relict species'이라고 부른다. 하지만 '투구게가 4억 8천만 년 동안 전혀 진화하지 않았다'는 이야기는 사실이 아니다. 모든 생명체는 끊임없이 돌연변이와 진화를 거듭하며, '살아 있는 화석'도 예외는 아니다.

조상과 닮은 형태를 계속 유지해 온 것은 단지 그 모습이 지금까지 생존과 경쟁에 가장 유리했기 때문일 것이다.

최근 네 종의 투구게의 유전체가 모두 해독되었다. 나는 이 유전체 분석을 통해, 왜 이토록 투구게는 조상과 닮아 있는지, 그리고 그 속에 어떤 진화적 비밀이 숨어 있는지를 알고 싶었다. 네 종의 유전체를 비교한 결과, 이들은 약 4억 3천6백만 년 전 하나의 공통조상에서 갈라져 진화하기 시작했음을 알 수 있었다.

또한 과학자들은 서로 다른 염색체에 반복적으로 나타나는 핵심 유전자군을 분석하여, 투구게 종이 진화 과정에서 두 번 또는 세 번에 걸쳐 전유전체 복제 사건whole genome duplication을 겪었음을 밝혀 냈다. 전유전체 복제란, 세포 분열 과정에서 복제된 두 세트의 염색 체가 분리되지 않고 한 세포 안에 남아, 염색체 수가 2배로 늘어나는 현상을 말한다. 이로 인해 다배수체polyploid가 형성된다.

장구한 진화 과정 속에서, 중복된 유전자들은 대부분 돌연변이로 망가지거나 사라지고, 일부 남은 유전자만이 때때로 새로운 기능을 획득하게 된다. 이렇게 새로 생긴 기능이 생존에 유리하게 작용하면, 해당 개체는 자연 선택을 통해 살아남게 된다. 따라서 전유전체 복제는 신규 유전자 생성의 중요한 메커니즘이다.

전유전체 복제는 식물 진화에서 매우 흔하며, 척추동물(인간을 포함해서)에서도 드물지 않다. 하지만 무척추동물에서는 매우 드문 일이다.

이론적으로는, 전유전체 복제를 통해 투구게종에도 많은 새로운 유전자가 생겼을 것이다. 실제로 현존하는 네 종의 투구게 유전체는 상당한 차이를 보인다. 그러나 이 차이는 눈에 띄는 형태적 변화로 이어지지 않았다. 아마도 새로 생긴 유전자들은 주로 내부 생리 대사를 변화시켰을 가능성이 크다. 이러한 내적 변화 덕분에 투구게종은 수억 년 동안 혹독한 자연 선택을 견디며 살아남을 수 있었던 것이다. 중간에 외형이 다른 변종이 나타났을 수도 있겠지만, 그런 변종들은 생존 경쟁에서 밀려 도태되었을 것이다.

안타깝게도, 화석은 생리적·화학적 특성을 보존하지 못하기 때문에, 투구게의 유전자나 대사 진화 과정을 직접 분석할 수는 없다.

현존하는 네 종의 투구게 유전체 크기는 약 15~23억 염기쌍 사이에 있으며, 염색체 수는 13~26쌍 정도로 다양하다.

다른 생물들과 비교했을 때, 투구게종의 유전체 진화 속도는 특히 느린 것으로 보인다. 이 점은 투구게종이 오랜 세월 동안 외형을 보존해 온 것과 관련이 있을지도 모른다.

'살아 있는 화석'이 된 투구게의 정확한 진화 과정은 여전히 미지에 싸여 있으며, 앞으로 더 많은 연구가 필요하다.

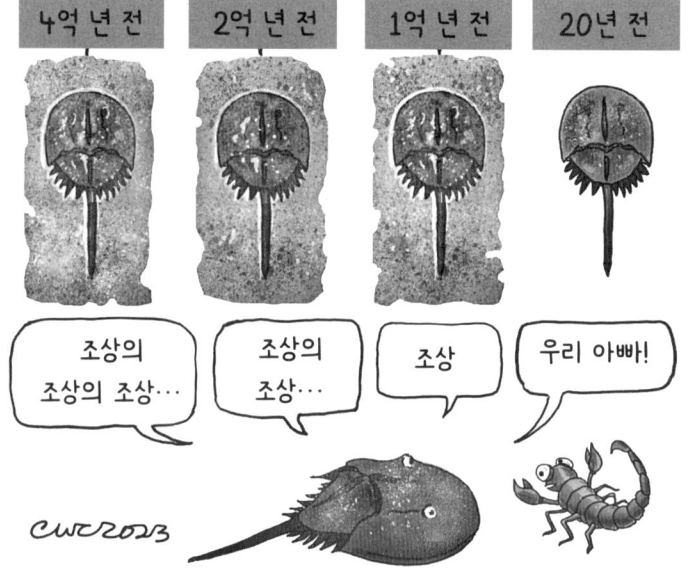

생명의 지속과 상호 작용

진화의 방향은 언제나

정확하게 예측할 수 없으며,

그 흐름을 막을 수도 없다.

특히 기술 문명의 진화는 더욱 그렇다.

현실 세계의 미래에 대한 전망 또한

가늠할 수 없다.

진화 자체도 끊임없이

진화하고 있는 것이다.

'생물의 진화는 더 빠른 속도의 과정,

즉 기술 진화에 자리를 내어 주게 될 것이다.'

49

연쇄 반응의 위력

내가 선형적으로 30걸음을 걸으면 30에 도달하지만,
지수적으로 30걸음을 걸으면 10억에 도달할 수 있다.
다시 말해서 선형적 성장linear growth을 이루면 매 걸음
하나씩 꾸준히 증가하겠지만, 지수적 성장exponential growth은
매 걸음 앞의 결과를 배로 늘릴 수 있다.
– 레이 커즈와일Ray Kurzweil, 미국의 발명가

한때 'PCR'이라는 생명 공학 용어가 코로나19를 계기로 전 세계에 퍼져서 불과 1~2년 만에 'DNA'를 넘어설 정도로 대중화되었다. 대중 대부분이 PCR의 원리를 정확히 알지는 못했지만, 바이러스 검출의 핵심 기술이라는 사실만큼은 잘 알고 있었다. PCR은 면역 검사법보다 느리고 비용이 더 들지만, 압도적인 정확도와 민감도를 자랑한다. 검체 속에 바이러스가 극소량만 존재해도 놓치지 않고 잡아냈으니 최종 판단은 PCR의 결과라고 해도 과언이 아니었다.

PCR polymerase chain reaction (중합 효소 연쇄 반응)은 이미 40년 넘게 개발되고 발전해 온 오랜 역사를 지닌 기술이다. 이름 그대로, DNA 중합 효소를 이용해 DNA를 반복적으로 복제하는 과정을 거친다. 사이클마다 DNA 분자는 2배로 증식하는데, 1개의 DNA 분자가 2개가 되고, 2개가 4개가 되는 형식이다. 이러한 연쇄 증폭은 중합 효소나 반응 물질이 소진될 때까지 이어진다.

코로나19 바이러스의 유전체는 RNA로 구성되어 있기 때문에, PCR을 실시하기 전에 RNA를 역전사하여 DNA로 변환하는 과정이 필요하다. 이상적인 조건에서는 DNA가 10회 PCR 사이클을 거치면 약 1,000배(2^{10})로 증폭되고, 또다시 10회를 거치면 약 100만 배(2^{20})로 증폭된다. 이러한 기하급수적 증폭 능력이 바로 연쇄 반응의 힘이며, 원래는 검출하기 불가능할 정도로 미량이던 DNA를 고감도 형광 기술을 이용하여 검출할 수 있는 수준까지 이르게 하는 것이다.

샘플 속 DNA의 양이 적을수록 검출 임곗값에 도달하는 데 필요한 사이클 수가 늘어나고, 반대로 DNA가 많을수록 필요한 사이클 수는 줄어든다. 이때, 형광 신호가 검출 임곗값을 처음으로 초과하는 데 필요한 PCR 사이클 수를 Ct 값Cycle threshold이라고 한다. Ct 값이 높을수록 원래 존재하던 DNA의 양이 적다는 의미다. Ct 값이 1만큼 차이가 날 때마다 DNA 수는 2배 차이가 나고, Ct 값이 10만큼 차이가 나면 DNA 수는 약 1,000배 차이가 난다. 예를 들어 코로나19 감염자의 Ct 값이 30이라면 바이러스 핵산이 약 10억 배 (2^{30}) 증폭된 후에야 검출되었다는 뜻이다. 바이러스양이 이 정도로 줄어들면 환자의 격리 해제를 고려할 수 있다.

사람 간 바이러스 전파 역시 일종의 연쇄 반응이다. 역학에서는 일정 기간 동안 감염자 1명이 평균적으로 몇 명에게 질병을 전파하는지를 나타내는 값을 실효재생산수effective reproductive number, Rt라고 한다. Rt는 감염 확산의 심각성을 나타내는 지표다.

코로나19가 처음 발생했을 초기에 첫 번째 환자를 제외한 모든 사람이 감염 위험군이었기 때문에 이때 Rt는 최고치였을 것이다. 그러나 시간이 지나면서 감염자들이 항체를 획득하거나 마스크를 착용하고, 백신 접종 등 방역 조치가 시행되면서 Rt는 점차 감소하기 시작했다. Rt가 1 미만으로 떨어지면 신규 확진자 수가 회복되거나 격리 해제되는 사람 수보다 적어지고, 이때부터 바이러스의 확산이 통제되어 확산 속도도 느려지고 점차 소멸하게 된다.

바이러스가 숙주 세포 내에서 증식하는 과정 역시 연쇄 반응이다. 바이러스 하나가 숙주 세포 하나를 감염시켰을 때, 그 세포가 약 10개의 자손 바이러스를 방출한다고 가정해 보자. 만약 주변에 충분한 숙주 세포가 있다면, 이 10개의 바이러스는 각각 새로운 세포를 감염시키고, 다시 10배씩 증식해 나간다. 이 과정은 감염 가능한 세포가 고갈되거나, 숙주가 면역 반응 등 방어 기제를 활성화할 때까지 지속된다.

연쇄 반응이라는 개념은 생명 과학보다 먼저 원자력 기술에서 등장했다. PCR보다 더 유명하던 연쇄 반응 기술은 원자핵 반응이었다. 하나의 핵반응이 최소 두 개 이상의 추가 핵반응을 일으키고, 이것이 다시 확산되는 과정을 통해 기하급수적으로 반응이 증폭된다. 이때 발생하는 질량-에너지 전환은 아인슈타인이 1905년에 발표한 공식 $E=mc^2$로 계산할 수 있다. 하지만 단일 원자에서 생성되는 에너지는 매우 미미했다. 1933년, 레오 실라르드Leo Szilard가 핵 연쇄 반응의 개념을 제안하면서 비로소 핵에너지를 실용화할 수 있었다.

PCR 기술은 그로부터 약 50년 후, 생물학자 캐리 멀리스Kary Mullis에 의해 고안되었다.

50
바이러스와 숨바꼭질

나를 죽이지 못하는 고통은 나를 더 강하게 만든다.

– 프리드리히 니체 Friedrich Nietzsche, 독일의 철학자

1944년, 양자역학의 대가 에르빈 슈뢰딩거는 물리학자의 관점에서 유전학을 조망하는 『생명이란 무엇인가』라는 책을 출간했다. 그는 과거 X선으로 초파리에 돌연변이를 일으키는 연구를 통해, 유전자가 단일 분자임에도 놀랍도록 안정적이라는 사실에 주목했다. 열역학 법칙에 따르면 단일 분자는 불안정해져야 하지만, 실제 유전자는 오랜 세대를 거쳐도 거의 변하지 않았다. 슈뢰딩거는 물리학적으로 설명할 수 없는 이 모순 뒤에 새로운 자연법칙이 숨어 있을 것이라고 생각했다(17편 참고).

슈뢰딩거의 주장은 많은 과학자, 특히 물리학자들에게 깊은 영감을 주었고, 이들은 새로운 물리학의 법칙을 발견하는 꿈을 품고 유전자 연구에 뛰어들었다. 반세기에 걸친 분자 생물학의 열풍 끝

에, 마침내 유전자의 베일이 벗겨졌다. 그러나 그 베일 뒤에는 별다른 특이점이 없었다. DNA, RNA, 단백질의 작동 원리는 모두 물리화학적으로 충분히 설명할 수 있었고, 그들이 기대하던 신비로운 힘은 존재하지 않았다.

그렇다면 슈뢰딩거가 말한 모순은 어떻게 해석하면 좋을까? 그의 주장 자체는 옳았다. 유전자는 실제로 단일 분자이며, 특정한 DNA 서열은 매우 안정적이다. 다만 이 안정성은 초자연적인 물리학 법칙 때문이 아니라, 세포 내 다양한 유지 보호 시스템 덕분이었다.

먼저, DNA 복제를 담당하는 DNA 중합 효소DNA polymerase는 높은 정확도를 자랑한다. 염기쌍을 잘못 짝지을 확률은 10^{-7}보다 작다. 많은 DNA 중합 효소는 교정 기능도 갖추고 있어서 복제 중 오류가 감지되면 바로 돌아가 수정하고 처음부터 다시 시작하는 메커니즘을 가동한다. 만약 수정을 피한 오류나 환경으로 인한 DNA 손상이 발생해도, 세포는 다양한 복구 시스템을 통해 이를 복구해낸다. 손상된 화학 구조를 직접 수정하거나, 정확한 뉴클레오티드로 대체하거나, 재조합을 통해 수정하는 방식이다. 이러한 복구 메커니즘 덕분에 전체 오류율은 약 100배 더 낮아져, 10^{-9} 수준까지 떨어뜨린다.

한편, 인간을 감염시키는 많은 바이러스는 대부분 DNA가 아닌

과학적 사고로 여는 새로운 세계

RNA이다. 일반적으로 RNA 바이러스는 자체적으로 생산한 RNA 중합 효소를 이용해 유전체를 복제하거나, 경우에 따라 역전사 효소reverse transcriptase를 이용해 RNA를 DNA로 역전사하여 숙주의 염색체에 삽입한 뒤 다시 RNA로 전사한다. 하지만 어떤 방법을 사용하든 이러한 반응을 일으키는 RNA 중합 효소와 역전사 효소 모두 수정 기능이 없다. 복제 도중 오류가 발생해도 수정할 수 없고, RNA 역시 숙주의 DNA 복구 시스템으로는 수정할 수 없다. 결과적으로 RNA 바이러스의 돌연변이율은 DNA 바이러스보다 약 100배나 높다.

RNA 바이러스의 유전체는 대부분 단일 가닥 형태인데, 이 구조는 또 다른 특징을 갖는다. 단일 가닥 RNA는 이중 가닥 RNA에 비해 시토신Cytosine, C이 자연스럽게 탈아민 반응을 일으켜 우라실Uracil, U로 쉽게 변형된다는 점이다. 따라서 단일 가닥 RNA 바이러스는 이중 가닥 RNA 바이러스보다 돌연변이율이 더 높은 편이다.

종의 돌연변이는 보통 개체의 생존 경쟁력을 약화시키거나 멸종으로 이어지기 때문에 돌연변이율이 지나치게 높으면 종의 존속에 확실히 불리하다. 이를 방지하기 위해 생물은 막대한 에너지와 자원을 투입하여 유전체 복제의 정확도를 높여야 한다. 이는 간접적으로 복제 속도를 떨어뜨린다. 생물은 이 정확성과 속도 사이의 적절한 균형을 찾으며 각자의 방식으로 진화해 왔다. 결국, 돌연변이율 자체도 진화의 중요한 요소다.

하지만 대량으로 증식하고 빠르게 확산하는 바이러스의 경우, 높은 돌연변이율은 오히려 멸종 위기를 초래할 가능성이 낮다. 이는 환경 변화, 특히 숙주의 면역 반응에 대처하는 데 도움이 된다. 그 대표적인 사례가 인플루엔자 바이러스(독감 바이러스)의 항원 변이 antigenic drift 이다. 우리 면역 체계는 바이러스의 표면 단백질을 항원으로 인식한다. 그런데 인플루엔자 바이러스의 표면 단백질을 암호화하는 유전자는 돌연변이를 쉽게 축적하여, 아미노산 서열과 단백질 구조를 변화시킨다. 이로 인해 바이러스는 숙주가 과거에 형성한 면역 방어망을 교묘히 피할 수 있게 되는 것이다. 바로 이런 이유로 우리는 매년 다음 시즌에 유행할 독감 바이러스가 어떻게 변할지를 예측하고, 그에 맞는 새로운 백신을 개발해야 한다. 이는 마치 바이러스와 숨바꼭질을 하는 것과도 같다.

만약 슈뢰딩거가 당시 이런 바이러스 유전자의 높은 돌연변이율을 직접 보았다면, 아마 그렇게까지 모순이라고 느끼지는 않았을 것이다.

51

바이러스 퇴치 방법

아무리 정밀한 기계라도 성급하게 손대면,

오히려 더 나아지기를 기대하기 어렵다.

– 테오도시우스 도브잔스키Theodosius Dobzhansky, 미국의 유전학자 및 진화학자

내 박사 학위 논문은 대장균을 감염시키는 바이러스, 즉 박테리오파지에 관한 것이었다. 박테리오파지는 분자 생물학 초기 시대의 주요 연구 대상이었다. 대량 배양이 쉽고 숙주가 감염되는 주기가 대부분 한 시간 이내로 짧아 연구 대상으로 매우 적합했다.

처음부터 과학자들은 박테리아 집단에서 파지에 대한 저항성 돌연변이 세포가 나타난다는 사실을 발견했다. 연구실에서 박테리아와 파지를 혼합하여 배지에 도포하면, 다음날 박테리아는 대부분 죽어 버리고, 간혹 살아남은 박테리아가 작은 콜로니colony**16**를 이루며 자라났다. 이렇게 생존한 박테리아는 대개 파지에 저항성을

---

16   세균이나 곰팡이 따위의 미생물이 고체 배지에서 증식하여 생긴 집단.

지닌 돌연변이주mutant**17**였으며, 그 출현 빈도는 약 백만분의 일 수준이었다.

이러한 저항성 돌연변이의 대부분은 박테리아 표면에 존재하는 파지 수용체와 관련되어 있다. 박테리오파지는 감염 시 특정 수용체를 인식하고 부착하여 세포 내부로 침투하는데, 각 종류의 박테리오파지는 특정 수용체를 가지고 있으며, 그 수용체는 단백질, 다당류, 지질다당류, 섬모, 또는 편모일 수 있다. 이 수용체가 돌연변이로 인해 형태가 변하거나 완전히 사라지면 파지는 세포에 침입할 수 없고, 이 돌연변이주는 파지에 감염되지 않는다.

다만, 수용체는 원래 박테리아에 중요한 기능을 수행한다. 예를 들어, 대장균 외막에 있는 LamB 단백질은 λ(람다) 파지의 수용체인데, 본래는 만노스(포도당 유사체)를 운반하는 시스템의 일부이다. 다행히 LamB 단백질에 돌연변이가 생겨도 대장균 생존에는 큰 영향을 미치지 않는다.

그렇다면 인간에게도 바이러스 침입을 막을 수 있는 돌연변이가 있을까? 현재까지 알려진 돌연변이는 두 가지뿐이다. 첫 번째는 인

---

17 돌연변이가 일어난 유전자를 지닌 개체나 세포.

간 면역 결핍 바이러스[HIV]에 저항하는 돌연변이다. 발병 초기 단계의 HIV는 면역 세포 표면에 있는 CCR5 단백질(R5형)을 이용해 세포에 침입한다. 그런데 적지 않은 사람들(특히 유럽인)의 CCR5 유전자에는 32개의 염기쌍(Δ32)이 결실된 Δ32 돌연변이가 있어서 온전한 CCR5 단백질을 만들 수 없다. 두 개의 CCR5 유전자에 모두 Δ32 돌연변이를 가진 사람은 HIV에 대한 저항력이 매우 강하며, 한쪽 유전자에만 돌연변이가 있는 경우에도 일반인보다 높은 저항력을 가진다. 두 번째 예시는 FUT2 유전자의 돌연변이다. 이 돌연변이는 노로바이러스[norovirus] 감염으로부터 보호할 수 있다. FUT2는 푸코오스[fucose][18] 전이 효소를 암호화하는데, 이 효소는 장 세포 외막에 푸코오스를 첨가하는 역할을 한다. 이 과정이 제대로 이루어지지 않으면, 바이러스가 세포에 침입하기 매우 어려워진다.

그렇다면 불과 몇 년 전 세계를 휩쓴 신종 코로나바이러스[SARS-CoV-2]에 저항성을 갖고 있는 유전자 변이가 있을까? 코로나19 바이러스는 세포 표면의 앤지오텐신 전환 효소 II형(ACE-2)을 수용체로 삼는다. 만약 ACE-2에 돌연변이가 생긴다면, 바이러스가 침입하지 못할 수도 있을까? 이는 실현되기 어렵다. 왜냐하면 ACE-

---

18 해조(海藻)·혈액형 다당류에 함유된 메틸당.

2는 혈압 조절과 폐 조직 보호에 필수적이기 때문이다. 이것이 없으면 코로나19 바이러스에 감염되지 않을 수는 있겠지만, 건강 자체에 심각한 문제가 발생할 수 있다(이는 CCR5Δ32 돌연변이를 가진 사람이 기본적으로 완전히 정상적인 것과는 다르다). 그래서 이러한 돌연변이를 가진 사람은 진화 과정에서 쉽게 도태되었을 가능성이 크다. 코로나19 바이러스는 훨씬 교묘하게, 인간이 쉽게 닫을 수 없는 침입 경로를 선택한 것이라고 이해할 수 있다.

그나마 우리가 희망을 걸어볼 수 있는 부분은 ACE-2 자체가 아니라 그 외의 유전자에 발생하는 돌연변이다. 이런 돌연변이는 바이러스의 침투를 막지는 못하지만, 감염 후 증상을 경감시키거나 무증상 상태로 만들 수 있는 유전자 변이가 있을 수 있기 때문이다.

2021년 미국 캘리포니아대학교 샌프란시스코 캠퍼스의 질 홀렌바흐Jill Hollenbach 연구팀은 코로나19 확진자 1,428명의 인간 백혈구 항원HLA 유전자형을 분석했다. 그 결과, HLA-B*15:01 유전자형을 가진 대다수가 감염 후 무증상으로 지나간다는 사실을 발견했다. 연구팀은 이 유전자형이 감염 초기 단계에서 빠르게 T세포 면역 반응을 활성화시켜 바이러스를 조기에 공격함으로써 증세를 억제한다고 보았다. HLA-B*15:01이 코로나19 바이러스에 대한 조기 공격에 내성을 가지려면 숙주가 다른 코로나바이러스에 감염된

적이 있어야 하며, 대부분의 사람은 일반적인 코로나바이러스 감기를 앓은 적이 있었다.

홀렌바흐 연구팀은 대략 10명 중 1명 정도가 HLA−B*15:01 변이를 가지고 있을 것으로 추정했다. 그렇다면, 꽤 많은 사람이 운 좋은 집단에 속한다고 할 수 있다.

52
세균의 속삭임

좋은 화자가 되기 위한 법칙은 단 하나, 경청을 배우는 것이다.

— 크리스토퍼 몰리Christopher Morley, 미국의 작가

나는 일본 요리 중에서 형광오징어구이를 특히 좋아한다. 이 작은 오징어는 대부분의 시간을 깊은 바닷속에서 지내다가 매년 3월부터 6월 사이 얕은 바다로 떼 지어 이동해 산란한다. 밤이 되면 이 오징어들이 내뿜는 형광 덕분에 어부들은 쉽게 잡을 수 있다.

이 빛은 형광 오징어와 공생하는 발광 박테리아Vibrio fischeri에서 나오는 것이다. 이 세균들은 오징어 체내에 있는 작은 발광 기관에 모여 있으며, 밀도는 밀리리터당 최대 10^{10}개에 이를 정도로 높다.

세균은 세포 내 루시페라아제luciferase**19** 효소를 통해 아데노신삼인산ATP을 이용하여 반응을 촉진하고, 형광을 자극하여 발광 기

---

19 반딧불이 따위의 발광체 안에 있는 단백질성 물질. 공기 속에서 루시페린을 산화시키며, 그 산화 에너지로 빛을 낸다.

과학적 사고로 여는 새로운 세계

관의 수정체를 통해 해저로 투사된다. 어떤 사람들은 오징어가 밤에 모래에서 나와 먹이를 찾을 때, 형광이 해수면에 비치는 달빛처럼 보이게 해 적의 주의를 분산시키는 것이라고 보기도 한다. 나는 이 형광이 어둠 속에서 서로를 알아보는 신호일 수도 있다고 생각한다.

갓 부화한 오징어는 체내에 발광박테리아가 없기 때문에 바닷물에서 이 세균을 흡수해야 한다. 바닷물에는 성체 오징어가 배출하는 낮은 농도의 발광박테리아가 함유되어 있다. 성체 오징어는 매일 아침 체내 세균의 약 95%를 배출하는데, 정오 무렵에는 세균 농도가 다시 원래 수준으로 회복된다. 막 태어난 오징어의 체내와 바닷물 속 세균 밀도는 매우 낮아서 발광이 일어나지 않는다. 왜냐하면 발광박테리아는 충분히 증식해서 고농도에 도달해야 루시페라아제가 생성되기 때문이다. 이처럼 세포 집단 밀도를 감지하고 이에 반응하는 현상을 집단 감지quorum sensing라고 한다.

이는 사회적 동물에서 흔히 관찰되는 본능으로, 예컨대 늑대가 큰 먹잇감을 사냥할 때 일정 수 이상의 무리가 모일 때까지 기다렸다가 공격하는 것과 같은 식이다. 무리가 적거나 혼자 있을 때는 절대 공격하지 않는다.

시각, 청각, 후각에 의존하여 무리를 감지하는 늑대와 달리, 발광

박테리아는 자가 유도 물질인 N-아실호모세린락톤N-acyl homoserine lactones, AHL에 의존한다. 이 물질은 세포 내부에서 합성되어 바깥으로 분비되며, 발광 기관 내 세균 농도가 높고, 세포 외부의 AHL 농도 또한 높아서 AHL이 다시 세포 내로 흡수되는 데 유리하다. 세포 내 AHL이 일정 농도에 도달하면 루시페라아제의 합성을 유도한다. 반대로 농도가 낮을 때는 AHL이 세포 내부에 충분히 축적되지 않아 발광 반응이 일어나지 않는다.

이런 집단 감지 방식은 발광박테리아만 사용하는 전략은 아니다. 예를 들어, 콜레라균vibrio cholerae은 3,5-디메틸피라졸-3-올3,5-dimethylpyrazole-3-ol, DPO이라는 자가 유도 물질을 생성하는데, 이 물질은 개체 내외로 이동이 가능하다. 개체 수가 일정 수준 이상으로 높아지면 DPO가 일정 농도까지 축적되어 특성 유전자를 활성화시키고, 그로 인해 병원성 인자와 바이오필름이 합성된다. 이러한 세균이 만들어 내는 자가 유도 물질은 마치 '체취'와 같아서, 동료 세균끼리 서로 그 냄새를 맡으며 소통하는 셈이다.

흥미로운 점은 이러한 '체취'가 박테리오파지에도 감지된다는 것이다. 예를 들어, 콜레라균을 감염시키는 온화형 파지 VP882는 숙주에 감염 후, 숙주를 파괴하고 대량으로 복제하는 용균 주기lytic cycle와 숙주 내에 잠복하여 공존하는 용원 주기lysogenic cycle 중 하나를 선택할 수 있다.

과연 어떤 선택을 할까? 선택의 기준은 바로 숙주의 DPO를 감지하는 것이다. DPO 농도가 높으면 이는 외부에 숙주가 풍부하다는 신호이므로 파지는 외부로 나가 공격 모드로 전환한다. 반면 DPO 농도가 낮으면 외부에 숙주가 적다는 뜻이므로 파지는 조용히 기다리며 잠복 상태를 유지한다.

자신만의 집단 감지를 관리하는 파지도 있다. 예를 들어 고초균을 감염시키는 온화형 파지 SPβ^{SP-beta}는 숙주 세포 내에서 용균 주기를 억제하는 신호 전달 올리고펩타이드, 아르비트리움^{Arbitrium}을 생성한다. 아르비트리움은 자유롭게 세포 안팎을 오갈 수 있다. 주변에 많은 숙주들이 SPβ에 감염되면 숙주 안에 잠복해 있는 SPβ는 높은 농도의 아르비트리움을 감지하게 된다. 이는 외부에 더 이상 감염시킬 수 있는 숙주가 많지 않다는 신호이므로, 파지는 밖으로 나가지 않고 내부에 머무는 쪽을 선택한다.

이렇듯 늑대나 발광박테리아 같은 사회적 생명은 집단 감지를 통해 집단행동을 조율하고, 단결력을 발휘한다. 파지는 이보다 한 수 더 떠, 스스로 감지 시스템을 사용할 뿐 아니라, 숙주의 시스템에까지 침투하여 전략을 조정한다.

53
전령의 기병대

인류가 지구를 계속 지배하는 데 있어 가장 큰 위협은 바이러스다.

— 조슈아 레더버그Joshua Lederberg, 미국의 분자 생물학자

인류 역사에서 백신이 이처럼 신속하게 개발된 경우는 한 번도 없었다. 기존 백신은 바이러스 샘플을 채취하고 이를 기반으로 제조해 시판하기까지 보통 4년 이상 걸린다. 하지만 코로나19가 전 세계를 휩쓴 지 1년이 채 되지 않아 모두가 기다리던 백신이 등장했다. 당시 긴급 사용 승인을 받은 화이자Pfizer와 바이오엔테크BioNTech, 모더나Moderna가 개발한 새로운 백신이 그것이다.

백신의 주된 역할은 우리 면역계에 특정 병원균의 침입 가능성을 경고해, 미리 면역 세포를 증강하고 준비하게 하는 것이다. 기존 바이러스 백신은 약화되거나 무해한 바이러스, 혹은 바이러스의 외막에 존재하는 단백질이나 당 분자만을 활용해서 만들었다.

이러한 물질은 인체에 주입되면 효과적인 항원이 되어 면역 체계가 항체와 면역 세포를 생성하도록 자극하고, 이후 실제 바이러스의 침투에 대비할 수 있도록 돕는다.

그러나 화이자와 모더나의 백신은 기존과 전혀 다른 물질을 사용했다. 바로 전령 RNA^{mRNA}이다. mRNA는 DNA에 존재하는 유전자 정보를 바탕으로 세포핵에서 전사된 RNA로, 세포질 내 리보솜이 이 mRNA를 해독해 특정 아미노산 서열의 단백질을 만든다. '전령'이라는 이름은 mRNA가 유전 정보를 전달하는 역할을 하기 때문에 붙여졌다.

코로나19 백신에 사용된 mRNA는 바이러스 표면의 스파이크 단백질을 구성하는 S 유전자를 기반으로 설계되었다. 이들은 먼저 해당 유전자의 DNA 주형을 화학적으로 합성하고, 시험관에서 RNA 중합 효소를 이용해 전사 및 특수한 화학적 수정을 진행한다. 최종적으로 완성된 mRNA는 나노지질입자로 감싸져 보호된 채 인체에 주입된다. 주입 후, 이 입자는 혈관 속에서 항원을 전문적으로 제시하는 수지상세포^{dendritic cell}에 흡수된다. 입자에서 방출된 mRNA는 코로나19 바이러스 표면의 스파이크 단백질로 번역되며, 이 단백질은 세포 표면에 제시되어 면역 체계를 자극한다.

이 방식은 인간 세포 자체를 항원 생산 공장으로 사용하여 항원을 생산하는 것과 다를 바 없다. 기존 백신처럼 복잡한 제조 단계를 거칠 필요가 없어 시간을 크게 절약할 수 있다.

　핵산nucleic acid을 이용한 치료제와 백신 연구는 이미 25년 이상의 연구 역사를 갖고 있으며, 그간 축적된 기술력은 코로나19 위기 때 마침 유용하게 사용되었다. 대규모의 공공 및 민간 자금이 투입되어 제약사는 백신 제조와 단계별 임상 실험을 병행할 수 있었고, 이는 개발 속도를 크게 단축시켜 백신이 빠르게 출시되는 데 일조했다.

　mRNA 백신은 낮은 온도에서 보관해야 하는 단점이 있다. 이는 RNA가 단백질이나 DNA보다 훨씬 불안정하기 때문이다. RNA의 리보오스는 DNA의 디옥시리보오스보다 산소 원자가 하나 더 있어 가수분해되기 쉬우며, 세포 안팎에는 언제든지 RNA를 분해하여 공격할 수 있는 효소가 존재한다. 백신에 사용되는 mRNA는 시험 관에서 DNA 주형을 이용해 만들어지는데, 이때 유전자 코드와 함께 전사되지 않는 앞뒤 서열도 포함된다. 5′ 말단에는 효소로 변형된 G 캡을, 3′ 말단에는 적절한 길이의 폴리A 꼬리(연속된 아데닌, DNA 주형 설계 또는 전사 후 효소에 의해 첨가됨)를 붙여야 한다. 이러한 변형 은 mRNA의 세포 내 안정성과 번역 효율을 크게 향상시킨다.

　mRNA 백신은 안전성 측면에서도 여러 가지 장점이 있다. 우선 mRNA는 감염성이 없고 세포핵이나 염색체에 침투하지 않는다. 또한 제조 과정이 단순하고 병원체나 동물성 성분과 접촉하지 않

과학적 사고로 여는 새로운 세계

는다. 또한, mRNA 수송은 운반체에 연결할 필요도 없고, 보조제가 필요하지 않으며, 알레르기나 부작용 등의 문제가 전혀 없다.

물론 장기적인 안전성과 효능은 더 지켜볼 필요가 있다. 코로나 19 바이러스는 독감 바이러스만큼 변이가 심하지는 않지만, 이후 감염력이 더 강한 스파이크 단백질 변이 등이 보고되면서 많은 이들이 기존 백신의 무력화를 우려했다.

하지만 전문가들은 대체로 크게 우려하지 않는다. 스파이크 단백질은 총 1,273개의 아미노산으로 구성되며, 다양한 항체들이 이 단백질의 여러 부위를 인식하기 때문에 일부 아미노산의 변화만으로 백신의 효능이 크게 떨어지지는 않는다. 더욱이 필요하다면 mRNA 플랫폼을 이용해 돌연변이 스파이크 단백질 서열에 맞춰 새로운 백신을 빠르게 설계하고 생산할 수 있다.

이처럼 '전령의 기병대'가 큰 활약을 펼친다면, 향후 다른 병원균은 물론 암과 같은 비감염성 질환에도 활용될 수 있다. 이 기술 플랫폼은 교과서에 없는 생생한 학습 소재이기도 하니, 선생님이라면 이 기회를 절대 놓치지 않기를 바란다.

54
유전 분자의 아군과 적군 식별하기

모든 과학은 다른 과학 위에 세워진다.

— 로버트 랭어 Robert S. Langer, 미국의 생명 공학자

코로나19 mRNA 백신은 인공적으로 합성된 메신저 RNA를 이용한 것이다. 이 mRNA는 바이러스 표면의 스파이크 단백질을 암호화하는 유전 정보를 담고 있으며, 인체 세포에 들어간 후 그 염기 서열이 리보솜에 의해 해독되어 스파이크 단백질이 합성된다. 생성된 단백질은 세포 표면에 나타나 항원의 역할을 하며, 이를 통해 면역 반응이 유도된다.

이처럼 유망한 백신 플랫폼의 기반에는 잘 알려지지 않았지만 결정적인 핵심 기술이 하나 있다. 그것은 바로 mRNA에 포함된 뉴클레오사이드(염기 + 리보오스)의 특수한 변형이다. 이러한 변형은 mRNA의 전사 정확도에는 영향을 주지 않으면서 선천적인 면역 체계의 감지와 공격을 피할 수 있도록 한다.

과학적 사고로 여는 새로운 세계

외부에서 유입된 RNA(세균이나 바이러스 포함)가 인체에 들어오면 일반적으로 선천 면역 체계는 침입자로 인식하여 방어 기제가 활성화된다. 이때 인터페론interferon [20]을 생성하고, 감염되지 않은 주변 세포를 자극하여 항바이러스 단백질을 활성화하도록 유도해 바이러스의 확산을 억제한다. 또 신체에 해를 끼칠 수 있는 염증 반응도 일으킨다.

하지만 인체 내부에는 RNA가 항상 존재하고 있는데도 이러한 면역 반응을 일으키지 않는다(면역 질환이 있는 경우는 예외). 과학자들은 이에 의문을 가졌다. 같은 RNA인데, 원래 있던 RNA는 면역 반응을 일으키지 않는데 왜 외부 RNA는 면역 반응을 일으키는 걸까? 그 이유는 인체의 RNA 분자에는 다수의 특수한 '변형'이 존재하기 때문이다. 이 변형은 면역 체계가 해당 RNA가 내부자임을 인식하게 하여 공격하지 않도록 한다. 반면 외부 RNA는 이러한 변형이 없거나 매우 적기 때문에 외부자로 간주되어 면역 체계의 공격을 받게 되는 것이다.

포유류의 mRNA는 전사 후 특정 염기에 여러 개(100종 이상)의

20 척추동물의 면역 세포에서 만들어지는 자연 단백질로, 바이러스, 박테리아, 기생충, 종양 등 외부의 침입자들에 대응한다.

다양한 변형이 이루어진다. 가장 흔한 것은 다음과 같다. 염기 다섯 번째 위치에 메틸기를 붙인 5-메틸시토신5mC, 여섯 번째 위치에 메틸기를 붙인 6-메틸아데닌6mA, 방향이 바뀐 유사우라실Ψ, 첫 번째 위치에 메틸기가 붙은 1-메틸유사우라실1mΨ 그리고 리보오스의 두 번째 위치에 메틸기가 붙은 변형 등이 있다. 이러한 변형은 번역의 정확도는 바꾸지 않지만, mRNA의 안정성과 번역 효율을 높여 준다. 또한 이들 변형은 면역 체계가 '내 편'과 '적'을 구분하는 표지이기도 하다. 즉, 이러한 변형이 있는 RNA는 '아군'으로 인식되지만, 그렇지 않은 RNA는 '적군'으로 간주된다.

반면 세균 mRNA는 대부분 기본적으로 변형되지 않는다. 일부 바이러스의 RNA는 변형되어 위장 효과를 나타내기도 한다. 예를 들어 뎅기열 바이러스 RNA는 염기와 당이 메틸화methylation21되어 선천적 면역 체계의 감시를 피할 수 있다. 2005년, 미국 펜실베이니아대학교의 커털린 커리코Katalin Karikó와 드루 와이스먼Drew Weissman 연구팀은 공동으로 시험관 내에서 번역 반응을 시도하면서, 핵산 전구체 중 우라실을 유사우리딘pseudouridine으로 대체했다. 이렇게 합성된 mRNA는 변형된 염기를 포함하게 되었고, 이를 생쥐에 접종한 결과, 면역 반응이 현저히 감소했고 번역 효율도 증가

---

21 유기 화합물인 메틸기(CH₃)가 다른 분자에 결합하는 화학적 과정이다.

했다. 이후 그들은 다른 연구실과 함께 5-메틸시토신, 6-메틸아데닌 등을 포함한 다양한 변형 염기를 이용해 mRNA를 합성하는 실험을 진행했고, 모두 긍정적인 성과를 얻었다. 현재 사용되고 있는 mRNA 백신들도 이와 같은 변형된 염기를 포함하고 있다.

RNA와 마찬가지로 외부 DNA도 면역 반응을 일으킬 수 있다. 하지만 인체의 DNA는 변형이 가능해서 이러한 공격을 피할 수 있다. 인체 DNA에서 가장 흔히 나타나는 변형은 5-메틸시토신으로, 이는 DNA 복제 후 특정 효소에 의해 사이토신(C)에 메틸기(-CH$_3$)가 결합되면서 생긴다. 5mC는 일반적으로 구아닌(G) 앞에 위치한 5mCG 서열에 나타나며, 이 서열은 종종 유전자 조절에 관여하는 중요한 후성 유전학적^{epigenetic} 요소로 작용한다. 또한 면역 체계가 자기 DNA를 식별하는 기준이 되기도 한다. 반대로, 외부 DNA는 5mCG 같은 변형이 없기 때문에 면역 체계에 의해 이물질로 인식되어 공격을 받게 된다.

사실 이러한 핵산의 변형으로 아군과 적군을 구분하는 메커니즘은 세균이 훨씬 먼저 진화시킨 것이다. 약 $\frac{1}{4}$의 세균은 한 개 이상 '제한-변형 시스템$^{restriction-modification\ system}$'을 가지고 있다. 각 시스템은 특정 염기 서열(보통 4~8개 염기쌍)을 인식하는 제한 효소

restriction enzyme와 변형 효소modification enzyme로 구성된다. 제한 효소는 그 염기 서열을 절단하고, 변형 효소는 특정 염기에 메틸기를 붙여 그 서열을 보호한다. 변형된 염기 서열은 보호받지만, 외부 DNA의 표적 서열에는 변형이 일어나지 않으므로 제한 효소의 공격을 받는다.

이처럼 핵산의 변형을 통해 아군과 적군을 식별하는 메커니즘은 생물의학 분야에서도 기여가 크다. 핵산 면역 반응에 대한 지식 덕분에 mRNA 백신의 안정성과 효능을 향상시킬 수 있었고, 제한 효소는 유전자 공학에서 DNA를 편집하는 핵심 도구로 널리 쓰이고 있다.

과학적 사고로 여는 새로운 세계

55

알코올에 약한 바이러스

인류는 아주 오래전부터 야생에서 자연 발효된 과일과 곡물에서 추출한 알코올(에탄올)을 접했고, 그것이 신경계에 미치는 마취 효과에 매료되었다. 이후 술을 만드는 문화가 생겨났고, 천여 년 전쯤에는 고농도 증류주와 순도 높은 에탄올을 생산하는 기술까지 개발되었다. 고농도 에탄올은 인간에게 강력한 신경 작용을 일으킬 뿐만 아니라, 연소, 용매, 세정, 살균 등 다양한 용도로도 활용되었다.

에탄올의 이러한 다재다능함은 낮은 독성과 물리적 특성에서 비롯된다. 에탄올 분자(C_2H_5OH)는 한쪽 끝에 소수성(비극성)인 에틸기(C_2H_5-)가, 다른 한쪽 끝엔 친수성(극성)인 수산기($-OH$)가 달려 있어 소수성 유기 용매와도 섞일 수 있고, 수소 결합을 통해 물과도 섞일 수 있다. 이러한 '양친매성amphiphilic'은 비누나 세정제와 유사하지만, 그보다 약한 특성을 가진다.

양친매성 분자들은 수용액에서 생화학 물질의 구조를 파괴한다. 단백질을 예로 들면, 길게 연결된 아미노산(폴리펩타이드) 가닥은 접혀서 특정한 3차원 구조를 형성하는데, 이 구조는 친수성 아미노산 간의 수소 결합과 소수성 아미노산 간의 상호 작용 등을 포함한 수많은 비공유 결합에 의존한다. 한편, 에탄올은 이 과정에 친수성 아미노산과 수소 결합을 형성하여 그들 사이의 기존 결합을 파괴하고, 다른 한편으로는 소수성 아미노산과 결합하여 단백질 내부의 소수성 핵심 영역을 파괴하여 단백질이 원래의 구조와 기능을 잃게 한다. 이를 '변성denaturation'이라고 한다. 알코올 농도가 높아지면 단백질은 응고되어 침전되기도 한다. 같은 원리로, 고농도의 에탄올은 DNA나 RNA도 침전시킨다.

이처럼 단백질을 변성시키는 성질 덕분에 에탄올은 탁월한 소독제로 활용된다. 특히 코로나19 대유행 이후, 많은 사람이 에탄올 기반 소독제를 사용하고 있다.

공중 보건 전문가들은 특히 소독용 에탄올의 부피 농도가 75% 정도일 때 가장 효과적이라고 강조한다. 일반적으로 증류로 얻는

과학적 사고로 여는 새로운 세계

에탄올은 95% 이상으로 농도를 높일 수 있어 시중에서도 흔히 접할 수 있다. 그러다 보니 왜 95%를 사용하지 않고 굳이 75%를 권장하는지 묻는 사람이 제법 많았다. 내가 연구실에서 세균을 연구할 당시에도 자주 듣곤 했다.

지도 교수님의 설명은 이렇다. 에탄올이 세균과 접촉하면 세균의 단백질이 변성된다. 단백질이 너무 많이 변성되면 세균은 죽는다. 그러나 만약 95%나 100%인 에탄올을 사용할 경우, 세균의 표면 단백질이 너무 빨리 변성되고 응고되어 '보호막'을 형성한다. 이렇게 되면 더 이상의 에탄올 유입이 차단되어 세균이 완전히 죽지 않고, 일시적인 휴면 상태에 머물다가 에탄올이 증발하면 다시 살아날 수 있다. 반면, 에탄올 농도가 75%일 경우에는 25%의 물이 함께 존재하기 때문에 표면 단백질이 완전히 응고되지 않아 내부로의 침투가 가능해지고, 세균을 확실하게 사멸시킬 수 있다.

그렇다면, 75% 에탄올이 세균뿐 아니라 바이러스 제거에도 효과가 있을까? 이는 아주 좋은 질문이다. 바이러스는 세균과 구조적으로 매우 다르고, 종류도 훨씬 다양하다. 따라서 에탄올에 대한 민감도 역시 다르다. 하지만 외막이 있는 바이러스, 즉 단백질과 지질로 된 외피를 가진 바이러스(코로나바이러스, 인플루엔자 바이러스)는 에탄올에 상대적으로 더 취약하다.

미국 펜실베이니아 주립 의과대학의 한 연구에 따르면, 95% 에탄올은 물체 표면에 있는 코로나바이러스에 대해 90~99%의 치사율을 보인다고 한다. 하지만 60~80%의 알코올에 15초만 접촉해도 99.99% 이상의 치사율을 보였다.

언젠가 친구가 고량주로도 코로나바이러스를 죽일 수 있냐고 물어본 적이 있다. 고량주의 알코올 도수는 보통 38~63%로 다양하다. 고도수 고량주는 응급 상황에서는(다소 사치스럽지만) 일시적인 소독제로 사용할 수도 있다. 다만, 마셔서는 아무런 효과가 없다. 왜냐하면 코로나바이러스는 소화관이 아닌 호흡기를 통해 침입하기 때문이다.

56

동족 경쟁, 그 끝은 어디인가?

이길 수 없는 자는 방어에 힘쓰고, 이길 수 있는 자는 공격한다.

방어는 부족함에서 비롯되고, 공격은 여유에서 비롯된다.

— 『손자병법孙子兵法』 중에서

나는 내가 연구해 온 세균들로부터 생명의 이치를 깨달았다.

미국에서 학위를 마치고 막 귀국했을 때, 한 기업에서 산업 미생물 균주의 개량 프로젝트를 담당하면서 처음으로 사상균처럼 균사 hyphae가 긴 독특한 세균, 스트렙토미세스를 접하게 되었다. 스트렙토미세스에 크게 매력을 느낀 나는 이후 대학으로 자리를 옮겨서 은퇴할 때까지 계속 연구를 이어 갔다.

스트렙토미세스는 대중에게는 잘 알려져 있지 않지만, 매우 중요한 존재다. 토양 속에서 가장 널리 분포하고 가장 많은 수를 자랑하는 미생물이다. 죽은 동식물의 사체와 폐기물을 분해하는 효소를 다량 분비하며, 유기물 순환에 있어 핵심적인 청소부 역할을 한다. 스트렙토미세스가 없다면 우리 환경은 아마 악취로 가득 찼

303

을 것이다. 우리가 흔히 '흙냄새'라고 말하는 토양 특유의 향기도 사실 이 스트렙토미세스가 만들어 내는 것이다.

하지만 스트렙토미세스가 인간 사회에서 가장 주목받는 이유는 그들의 엄청난 항생제 생산 능력에 있다. 지금까지 우리가 알고 있는 수천 가지의 항생제 중, 무려 3분의 2가 스트렙토미세스에 의해 생성된 것이다. 스트렙토마이신, 에리스로마이신, 반코마이신 등 이름 뒤에 '-마이신⁻mycin'이 붙는 항생제들은 대부분 스트렙토미세스에서 파생된 것이다. 스트렙토미세스 균주는 대부분 최대 30개 이상의 항생제를 합성할 수 있다. 왜 이렇게 많은 항생제를 만들어 토양에 분비하는 것일까?

그 이유는 바로, 토양 속 경쟁자들을 제거하기 위해서다. 스트렙토미세스는 특히 같은 속genus에 속하는 다른 종과 치열하게 경쟁한다. 생태학적으로 가장 큰 경쟁자는 언제나 '비슷한 존재', 즉 동종이다. 같은 종류일수록 같은 자원, 같은 공간을 필요로 하기 때문이다. 그래서 스트렙토미세스는 다른 스트렙토미세스를 포함한 세균들을 죽이기 위해 항생제를 만든다. 문제는, 이 항생제가 자기 자신도 죽일 수 있다는 것이다.

생각해 보면 인간도 마찬가지다. 인간에게 가장 강력한 적은 다른 인간이며, 가장 치명적인 무기(총, 생화학 무기, 핵무기)도 모두 인간을 겨냥해 만들어졌다. 총기의 경우 적만 조준할 수 있지만, 생화학 무기는 공기를 타고 퍼지기 때문에 살포하는 사람도 방독면을 써야 한다. 바이러스를 무기로 사용하는 경우에도 사전에 백신을 맞거나 약을 복용해 자기 자신을 방어해야 한다.

항생제의 독성 역시 방향성이 없어서 스트렙토미세스는 자신에게도 해를 끼칠 수 있다. 그렇다면 어떻게 해야 할까? 항생제를 생성하는 스트렙토미세스는 항생제에 대한 내성을 만드는 메커니즘을 작동시킬 수 있다. 스트렙토미세스가 항생제 생성 유전자를 활성화시키면 내성 유전자도 활성화되어 항생제 내성에 필요한 단백질을 생성한다. 어떤 것은 항생제를 빠르게 세포 밖으로 배출하고, 어떤 것은 항생제를 화학적으로 변형시켜 독성을 일시적으로 없애 뒀다가, 세포 밖으로 배출될 때 다시 독성을 복원한다. 또 어떤 것은 항생제가 표적으로 삼는 세포 내 분자를 변형시켜 항생제의 작용을 무력화한다. 이는 독가스를 살포하는 사람이 방독면을 쓰거나, 바이러스를 퍼뜨리기 전에 백신을 맞는 것과 똑같다.

일반적으로 스트렙토미세스 이외의 다른 세균은 이런 내성 유전자를 가지고 있지 않아서 항생제의 손상을 피할 수 없다. 그러나 오랜 진화 과정에서 일부 유전자는 생물들 사이에서 유전 물질을 수

평적으로 교환하는 일이 종종 일어난다. 그 과정에서 다른 세균들이 스트렙토미세스의 내성 유전자를 '줍는' 일이 생긴다. 한 번 유전자를 얻은 세균은 그 내성을 자손에게 물려줄 수 있고, 특정 항생제에 저항력을 가진 집단이 탄생한다. 심지어 어떤 내성 유전자는 세균들 사이를 자유롭게 이동하는 플라스미드plasmid 등의 유전 요소에 실려, 엄청난 속도로 다양한 균주로 퍼져 나간다. 그 결과, 오늘날 우리가 항생제를 대량 사용하고 있는 병원과 의료 환경에서는 수많은 항생제에 내성을 가진 '슈퍼' 병원균이 출현하기 시작했다. 인간은 이에 대응해 또 다른, 더 강력한 항생제를 찾아내야 한다.

인류와 병원균 사이의 끝없는 무기 경쟁, 그것은 생존을 위한 자연스러운 경쟁이라 할 수 있다. 그러나 인간 사이의 대규모 파괴적 무기 경쟁은 단순한 생존을 넘어선다. 그것은 탐욕과 이념 위에 기반한 비합리적인 행위이다. 가장 지적인 생명체인 인간이 저지르는 가장 비극적인 자기 파괴가 아닐 수 없다. 끝없이 서로를 죽이는 운명, 그것이 인류의 숙명이어야 할까? 우리는 왜 이 지경에 이르게 된 것일까? 또 언제쯤이면 깨어날 수 있을까?

57

적의 적

내 적의 적은 나의 친구다.

─고대 라틴 속담

바이러스는 정말 강력한 생명력을 가진 존재다. 그중에서도 세균을 감염시키는 바이러스, 즉 박테리오파지는 특히 강력하다. 박테리오파지는 숙주에 침입하자마자 복제를 시작하며, 보통 수십 분 안에 세균을 파괴하고 수십에서 수백 개에 달하는 자손을 방출해 감염시킨다. 그렇게 계속해서 또 다른 세균을 감염시키는 공격을 반복하는데, 그 효율이 매우 높기 때문에 박테리오파지는 지구상에서 가장 개체 수가 많은 생물로 그들이 감염시키는 숙주인 세균보다도 훨씬 많다.

박테리오파지라는 이름은 프랑스 파스퇴르 연구소의 미생물학자 펠릭스 데렐Félix d'Hérelle이 붙인 것이다. 여기서 '파지phage'는 그리스어로 '삼키다'를 뜻한다.

1917년, 데렐은 이질 환자의 대변에서 박테리오파지를 분리해 냈고, 이것이 세라믹 필터까지 통과하여 배양된 박테리아를 '먹어 치우듯이' 제거하는 것을 발견했다. 그는 또 환자가 회복기에 접어 들 때 박테리오파지의 수가 급격히 증가하는 것을 보고 어쩌면 박 테리오파지가 환자의 회복에 영향을 미치는 것은 아닌가 하는 의 문을 품게 됐고, 이를 계기로 병원균을 제거하는 치료 수단으로 박 테리오파지를 활용할 수 있겠다는 생각을 하게 됐다.

1919년 초, 데렐은 실제로 이 생각을 실행에 옮겼다. 그는 닭의 분변에서 분리한 박테리오파지를 이용해 장티푸스에 걸린 닭을 치 료하는 데 성공했다. 같은 해, 한 걸음 더 나아가 이질균shigella을 감 염시키는 박테리오파지를 이용해 이질 환자를 치료하는 데도 성공 했다. 실험 전에 그는 먼저 인턴들과 함께 그 박테리오파지를 직접 마셔서 독성이 없다는 것을 확인한 뒤, 환자에게 투여했다. 데렐은 훗날 이 일을 두고 이렇게 말했다.

"그의 장은 마치 내 실험관 같았고, 이질균은 기생체의 작용으로 녹아 버렸다."

그 당시에는 아직 항생제가 등장하기 전이었고, 최초의 항생제 인 페니실린조차 발견되려면 9년을 더 기다려야 했다.

데렐의 이러한 실험적인 치료 방식은 많은 의심과 비판을 받았지만, 동시에 유럽 일부 의사들과 과학자들의 큰 관심을 끌며 하나의 유행처럼 번져갔다. 제2차 세계 대전 당시, 페니실린을 확보할 수 없었던 독일과 러시아, 일본 등은 실제로 박테리오파지를 병원 치료에 활용했다. 반면, 페니실린 개발에 성공한 서방 국가들은 박테리오파지 치료에 더 이상 큰 관심을 두지 않았다. 전쟁 후에도 소련은 박테리오파지 치료 기술을 지속적으로 연구하고 발전시켰지만, 냉전으로 인해 그 연구 성과는 대부분 서방 세계로 전달되지 못했다. 결국 병원성 세균들의 항생제에 대한 내성이 널리 퍼지고 난 이후에야, 서방 과학자들도 박테리오파지를 대체 치료 수단으로 다시 주목하기 시작했다. 이후 일부 국가에서는 긴급 상황에서 특수 승인을 받아 박테리오파지를 이용한 임상 치료가 시행되기도 했는데, 성공한 사례도 있고 실패한 사례도 있었다. 미국 식품의약국[FDA]은 2019년에 이르러서야 정맥 주사용 박테리오파지를 최초로 정식 승인했다. 데렐이 처음으로 치료를 시도한 지 정확히 100년이 지난 시점이었다.

박테리오파지는 항생제에 비해 숙주에 대한 특이성이 매우 높다. 목표로 삼은 특정 세균 이외의 다른 세균을 거의 공격하지 않기 때문에 환자의 장내 정상 세균총에 미치는 부작용이 적고, 치료

후유증도 적다. 게다가 박테리오파지는 스스로 빠르게 증식하므로, 항생제처럼 반복적으로 투약할 필요도 없다.

그러나 항생제와 마찬가지로, 박테리오파지에 감염된 세균 역시 내성 돌연변이 균주를 만들어 낼 수 있다. 이에 대해 데렐은 이미 그 당시 여러 종류의 박테리오파지를 함께 사용하는 이른바 '박테리오파지 칵테일 치료법'을 제안했고, 이는 오늘날까지도 일반적인 치료 방법으로 널리 사용되고 있다.

박사 과정에 있을 때, 샐버도어 루리아와 델브뤼크가 1943년에 발표한 고전 논문을 읽었다. 이 논문에서는 세균의 박테리오파지 저항 돌연변이가 외부 자극에 의한 것이 아니라 자연적으로 발생한다는 사실을 보여 주었다. 이어 읽은 다른 논문에서는 대장균 B형이 자연적으로 박테리오파지 T4에 대한 내성을 가진 돌연변이 균주 B/4형을 만들 수 있으며, 이에 대응해 T4 역시 자연적으로 B형과 B/4형 모두를 감염시킬 수 있는 새로운 돌연변이 형태를 만들어 낼 수 있다는 사실을 확인했다. 이처럼 한쪽의 수준이나 능력이 높아지면 다른 한쪽도 더 높아지는 식의 진화적 경쟁은 모든 세균과 박테리오파지 사이에서 끊임없이 반복되고 있다.

물론 과학자들은 실험실에서 새로운 박테리오파지를 분리하거나 인위적으로 설계해 내성 세균에 대항하는 박테리오파지를 개발하려는 노력을 계속하고 있다. 즉, 세균과 박테리오파지 사이의 진화적 경쟁은 이제 병상과 실험실로까지 확장되었으며, 지금 인류는 이 순간에도 여전히 멈추지 않고 진행 중이다. 인간이 적의 적을 이용해 적과 싸우는 전쟁은 앞으로도 계속될 것이다.

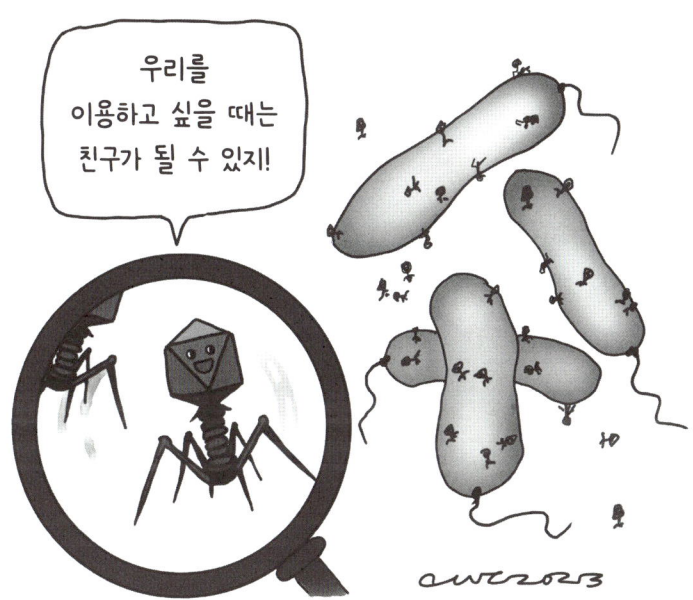

5. 생명의 지속과 상호 작용

58

꿀벌 족보에 숨겨진 수열의 비밀

초원을 만들려면 클로버 한 포기와 꿀벌 한 마리가 필요하다.

클로버 한 포기와 꿀벌 한 마리. 그리고 환상.

오직 환상만으로도 충분하다, 만약 꿀벌이 드물다면.

— 에밀리 디킨슨 Emily Dickinson, 미국의 시인

나는 과거에 '머리 쓰기: 생명 과학에서의 진지한 사고와 정량적 분석'이라는 과목을 가르친 적이 있다. 이 수업은 정량 분석과 논리적 사고의 중요성을 강조하며, 학생들이 이러한 관점을 기르고 기술을 발전시키도록 독려하는 것이 목표였다.

어느 날 수업 준비를 하던 중 아주 흥미로운 글을 읽게 되었다. 바로 꿀벌의 족보 속에 '피보나치수열 Fibonacci sequence'이 숨겨져 있다는 내용이었다. 피보나치수열은 앞의 두 수를 더해 다음 수를 만드는 수열이다. 꿀벌 족보에 이런 수열이 숨겨져 있다고? 너무 신선해서 자세히 들여다보니, 정말 그랬다.

꿀벌 사회는 여왕벌, 일벌, 수벌 세 계급으로 나뉜다. 여왕벌은 보통 한 마리뿐이며 번식을 전담한다. 일벌은 벌집을 건설하고 유지하며, 애벌레를 먹이고 꽃가루와 꿀을 모으는 역할을 한다. 수벌의 임무는 단 하나, 여왕벌과 교미하는 것이 전부다. 여왕벌은 짝짓기를 위해 벌집을 떠나 비행을 하고, 다른 벌집의 수벌들과 교미한 뒤, 정자를 정낭에 저장했다가 이후 벌집으로 돌아와 알을 낳을 때 정자와 결합시킨다.

이렇게 수정된 알은 이배체(32개의 염색체)를 가지며, 대부분 암컷 일벌로 성장한다. 반면 수정되지 않은 알은 단배체(16개의 염색체)를 지닌 유충으로 부화하며, 수벌이 된다.

수벌의 족보를 기준으로 살펴보면, 수벌에게는 아버지가 없고 단지 어머니인 여왕벌만 존재한다. 여왕벌은 부모가 모두 있으므로, 수벌에게는 외조부모가 존재한다. 이 외할아버지는 부모가 어머니 한 명뿐이고, 외할머니는 부모가 둘이므로 수벌에게는 증조부모가 세 명 생긴다. 이렇게 계속 거슬러 올라가면 고조부모는 다섯 명, 그 다음은 여덟 명이 된다. 1, 2, 3, 5, 8… 이게 바로 피보나치수열이다.

참고로 암컷 꿀벌(여왕벌이나 일벌)의 족보에서도 피보나치수열이 나타나지만, 그 경우는 2에서 시작된다.

혹시 『다빈치 코드』를 읽어 본 적이 있는가? 그 책에서 랭던 교

313

수는 수업 중 황금 비율과 피보나치수열이 어떻게 연결되는지를 설명한다. 피보나치수열의 수가 커질수록 인접한 두 수의 비율은 점점 황금 비율 1.618에 가까워진다. 랭던 교수는 꿀벌 집단의 암수 개체 수 비율 또한 황금 비율과 같다고 말한다. 그러나 꿀벌의 생태를 잘 아는 사람이라면 이 말이 얼마나 터무니없는 주장인지 금방 알 수 있다.

실제로 하나의 벌집에서 암컷 꿀벌은 수컷 꿀벌보다 수십 배나 많다. 황금 비율과는 거리가 먼 수치다. 랭던 교수가 꿀벌 족보에 나타나는 피보나치수열을 잘못 해석했을 수도 있다. 물론 족보 위로 거슬러 올라갈수록 인접한 조상 수의 비율이 황금 비율에 가까워지는 것은 사실이다. 그래서 족보 내 암수 비율이 황금 비율에 수렴하는 것처럼 보이는 것일 수도 있다.

그러나 이 해석이 참이 되려면 전제가 하나 있어야 하는데, 족보 속 모든 조상이 서로 다른 개체여야 한다는 것이다. 하지만 실제 벌집에서는 수벌 몇 마리만이 여왕벌과 교미하기 때문에 조상들이 중복되고 수열은 현실적으로 성립하지 않는다.

꿀벌의 성별을 결정짓는 핵심은 여왕벌이 알을 낳을 때 수정 여부를 조절하는 능력과 염색체에 있는 성 결정 유전자complementary sex determinator, csd에 있다. 수정되지 않은 단배체 난자는 csd 유전자 하나만 갖고 있으며, 수벌로 성장한다. 수정된 이배체 난자는 csd 유전자 두 개를 가지는데, 이 둘이 서로 다르면(이형 접합) 암컷 꿀벌로 발달한다. 반면 같다면(동형 접합) 수벌로 발달하게 된다. 이러한 수벌은 부화 후, 유충을 돌보는 일벌들에 의해 특정 체표 분비물 등으로 감지되어 잡아먹힌다. 따라서 꿀벌 군체에는 기본적으로 이배체 수벌이 존재하지 않게 된다.

이처럼 꿀벌의 성 결정 방식, 여왕벌의 다른 벌집의 수벌과의 교미 습성 그리고 일벌의 선별적 양육 행동은 모두 유기적으로 작동해 근친 교배로 인한 유전적 위험을 줄이는 데 크게 기여한다. 또한 이 메커니즘 덕분에 여왕벌은 반드시 서로 다른 csd 유전자를 갖게 되어, 어떤 종류의 수벌과 교미하든 여왕벌은 건강한 수컷 벌과 암컷 벌을 모두 낳을 수 있다. 만약 여왕벌이 동형 접합 csd 유전자를 가진 상태에서 같은 동형 접합 csd를 가진 수벌과 교미할 경우, 수정된 알은 모두 이배체 수컷 꿀벌이 되고 암컷 꿀벌은 태어나지 않게 된다.

　과거 멘델은 완두콩과 조밥나물 외에도 꿀벌을 대상으로 유전 실험을 진행했으나, 그 결과를 발표하지는 않았다. 아마도 꿀벌의 유전학을 깊이 파고들었다면, 조밥나물보다도 훨씬 더 큰 골칫거리가 되었을 것이다.

59

꿀벌의 스트리트 댄스

벌집을 처음 보는 사람이라면 누구나 그 경이로움에 감탄하게 될 것이다. 양면이 수직으로 배열된 벌집은 정육각형 방들이 줄지어 정돈되어 있는데, 이 입체적 구조가 꿀을 저장하고 유충을 키우는 데 있어 가장 완벽하고 효율적인 공간이라고 여겨진다. 찰스 다윈은 『종의 기원』 중 제7장 '본능'에서 이를 언급하며, 수학자들 또한 벌집 구조가 가장 적은 밀랍으로 가장 많은 꿀을 저장할 수 있는 구조라고 평가했다고 전했다. 그는 꿀벌의 건축 능력을 자연계에서 알려진 '가장 경이로운 본능' 가운데 하나라고 극찬했다.

하지만 꿀벌의 이 놀라운 건축 능력이 정말 전적으로 본능에 의

한 것일까? 1979년, 독일 생물학자 가브리엘레 폰 외엘센Gabriele von Oelsen과 에바 라데마허Eva Rademacher는 흥미로운 사실을 발견했다. 꿀벌이 짓는 벌집 구조는 어려서부터 자라면서 접했던 벌집 구조의 영향을 받는다는 것이다. 성장 과정에서 정상적인 벌집에 노출되지 않은 꿀벌들도 벌집을 짓기는 하지만, 그들이 만드는 벌집은 매우 지저분하고 불규칙했다. 이로 인해 꿀벌의 집짓기 기술은 선천적인 본능뿐 아니라 후천적인 학습에도 의존한다는 사실이 드러났다.

1940년대, 오스트리아 생물학자 카를 폰 프리슈Karl von Frisch는 다윈도 몰랐던 벌이 가진 또 하나의 놀라운 능력을 발견했다. 꿀벌은 보디랭귀지를 통해 방향 정보를 전달한다는 것이었다. 그는 밖에서 먹이를 채집한 일벌이 벌집으로 돌아온 뒤 독특한 춤을 추어 주변의 다른 일벌들에게 먹이의 위치를 알리는 모습을 관찰했다. 이춤은 8자 모양의 동작으로, 먼저 아랫배를 흔들며 직선으로 전진한 다음 오른쪽으로 원을 그리듯 돌아 시작 지점으로 돌아오고, 다시 반대쪽으로 대칭적인 움직임을 취한다. 이 일련의 동작을 여러 번 반복하면서 꿀벌은 중요한 정보를 전달하는데, 핵심 정보는 그 직선 구간의 진동 속에 담겨 있다.

꿀벌이 흔드는 진동 구간의 길이는 먹이와 벌집 사이의 거리를 나타내고, 이 거리가 멀수록 진동 구간도 길어진다. 또한 이 진동선이 중력 방향(즉, 수직선)과 이루는 각도는 먹이 위치와 태양의 방향 간의 각도를 나타낸다. 이 춤을 지켜본 일벌들은 이 정보를 바탕으로 꿀을 찾아 밖으로 날아간다. 이후 수년간 여러 나라의 과학자들이 이를 반복 검증하면서 꿀벌의 춤은 동물 행동학의 고전적 사례로 자리 잡았고, 카를 폰 프리슈는 이 연구로 1973년에 노벨 생리의학상을 수상했다.

　종마다 춤을 추는 방식에는 약간의 차이가 있지만, 춤을 추는 것은 꿀벌뿐이다. 다른 벌들은 이런 행동을 하지 않기 때문에 이러한 춤 능력은 일부에게만 타고난 본성으로 여겨진다. 그렇다면 숙련된 일벌과 그렇지 않은 초보 꿀벌들도 춤을 출 수 있어야 하지 않을까?

　최근 중국과학원 시솽반나 열대식물원의 켄 탄Ken Tan 박사와 미국 UC 샌디에이고의 제임스 니James Nieh 박사는 실험실에서 성체 꿀벌과 전혀 접촉하지 않은 새끼 꿀벌들을 키웠다. 이 꿀벌들은 번데기에서 나온 지 1~2주가 지나자 본능적으로 춤을 추기 시작했지만, 그 정보는 부정확하고 오류가 많아서 다른 일벌들이 엉뚱한 곳으로 날아가곤 했다. 시간이 지나면서 이들은 조금 나아졌지만, 경험 많은 꿀벌과 함께 자란 대조군과 비교하면 여전히 뒤떨어져 있었다. 즉, 꿀벌의 춤은 본능적으로 타고나는 측면도 있지만, 정확하고 효과적인 정보 전달을 위해서는 반드시 학습이 필요하다는 사실이 입증되었다.

벌집은 수년간 유지될 수 있지만, 그 안에서 여왕벌만이 오래 살고 나머지 꿀벌들은 평균 1~3개월밖에 살지 못한다. 따라서 꿀벌 사회의 집단 지혜는 끊임없는 경험과 학습을 통해서만 다음 세대로 전승될 수밖에 없다. 농작물의 주요 수분자이기도 한 꿀벌은, 고작 100만 개의 신경 세포(인간의 뇌세포 수의 10만분의 1 수준)를 가진 작은 뇌로 이토록 정교하고 경이로운 집단 지성을 진화시켰다. 이런 존재와 공존하고 있다는 사실에 감사할 따름이다.

60

진화도 진화한다

도구 제작자는 결국

자신이 만든 도구에 의해 다시 만들어진다.

— 아서 C. 클라크^{Arthur C. Clarke, 영국의 과학 저술가이자 SF 작가}

나는 아서 C. 클라크의 열렬한 팬이다. 그는 20세기 가장 위대한 SF 작가 중 한 사람일 뿐 아니라, 발명가이자 미래학자이기도 하다. 그가 인류의 미래에 대해 쓴 『미래의 윤곽^{Profiles of the Future}』에서 인상 깊게 읽었던 문장이 있다.

"인간이 도구를 발명했다는 오래된 관념은 사실 절반만 맞는 말이다. 더 정확히 말하면, 도구가 인간을 발명한 것이다."

도구가 어떻게 인간을 발명할 수 있단 말인가? 그는 계속해서 이렇게 말한다.

"도구를 맨 처음 사용한 것은 인간이 아니라 유인원이었다. 그러나 그들이 만든 도구가 결국 그들을 멸종시켰다."

또한 그는 "이 원시적인 도구는 그들의 자세와 움직임을 변화시켰고, 사냥 기술을 발달시켰으며, 경쟁 능력을 높여 결국 유인원이 호모 사피엔스로 진화하게 만들었다."라고 설명한다. 즉, 그는 인간은 도구 덕분에 진화했고, 유인원이 인간으로 진화하게 된 결정적 계기 또한 도구 때문이라고 믿었다.

문명이 시작되면서 인간은 동식물을 길들였고, 이들이 야생에서 벗어나 인간을 섬기게 만들었고, 동시에 인간도 이들에게 점점 의존하기 시작했다. 길들이는 자와 길들여지는 자 사이에 생긴 상호 의존 관계는 인간과 도구 사이에서도 그대로 드러난다. 도구는 인간의 능력을 강화하고 확장하며, 생물학적 진화로는 결코 얻을 수 없는 능력을 얻게 해 준다. 예컨대, 돌도끼를 사용하면서 인간은 날카로운 손톱과 강한 턱 근육을 점점 잃게 되었고, 농업과 산업의 발달로 녹말 식품의 소비와 섭취가 증가하면서 녹말 분해 효소인 아밀라아제amylase 유전자의 복제 수가 증가했다. 또한 유아기 이후에도 동물성 우유를 계속 마시게 되자, 많은 현대인이 성인이 되어서도 유당을 분해하는 유당 분해 효소lactase를 계속 생성하게 되었다. 의료 기술이 발전하면서 인간의 열세 유전자 제거를 더욱 왜곡시켰다. 원래 과거라면 쉽게 도태되었을 혈우병과 같은 열성 유전 질환도 치료가 가능해졌다. 이런 관점에서 보면 도구가 인간을 길들였을 뿐 아니라, 인간의 진화 방향마저 바꾸어 놓았다.

　그뿐만이 아니다. 도구 자체도 끊임없이 진화하고 있으며, 그 속도는 생물의 진화 속도보다 훨씬 앞지르고 있다. 인간은 수십만 년에 걸쳐 겨우 전 세계로 퍼져 나갔지만, 컴퓨터는 불과 100년도 되지 않아 소수의 투박한 기계에서 수많은 작고 똑똑한 장치들로 발전하여 전 세계에 퍼졌다. 1981년만 해도 휴대 전화 보급률은 10만분의 1에 불과했지만, 불과 40년 뒤인 오늘날에는 보급률이 95%를 넘어섰다.

　문명이 발달한 사회일수록 인간과 도구의 공생 관계는 더욱 강해진다. 현대 사회에서 가장 중요한 도구는 컴퓨터다. 컴퓨터는 거의 모든 기계 장치의 핵심이 되었으며, 우리의 일상생활에서도 없어서는 안 될 존재가 되었다. 만약 어떤 전자기적 방해로 인해 모든 컴퓨터가 멈췄다고 가정해 보자. 우리 사회는 순식간에 마비되고 말 것이다. 비행기는 추락하고, 자동차와 선박은 멈추고, 가정용 전자기기는 작동하지 않고, 정부와 의료, 경제 시스템도 전면 정지될 것이다. 문명이 고도화될수록 재앙의 규모도 커질 것이다.

　반대로 인간은 점점 기계에 의존하고 있지만, 기계는 점점 더 독립적이고 인간의 개입 없이 스스로 작동할 수 있게 되고 있다. 자동화 시스템은 기계가 자율적으로 행동할 수 있게 하고, 인간보다 더 빠르고 정확하고 신뢰할 수 있으며, 복잡한 문제도 제법 잘 처리해 낸다. 이미 여러 지능적인 측면에서 기계가 인간을 능가하고 있으며, 그래서 우리는 종종 기계가 인간을 대체할지도 모른다는 불안과 두려움을 느낀다. 이에 대해 클라크는 이렇게 말했다.

"우리가 만든 도구는 우리의 후계자다. 생물학적 진화는 기술적 진화에 자리를 내어 주게 될 것이다."

이 말이 과장되게 들릴지 모르지만, 원래 진화는 예측할 수 없는 방향으로 전개되며, 막을 수도 없다. 특히 기술 문명의 진화는 더욱 그렇다.

그것은 어디로 향할까? 인간을 어디로 데려갈까? 클라크는 그의 대표작인 SF 소설 『2001: 스페이스 오디세이2001: A Space Odyssey』에서 인간의 기원과 미래에 대한 극적인 상상을 펼쳐 보이지만, 그는 끝내 이렇게 말한다.

"이것이 어디까지나 허구의 이야기라는 것을 기억해라. 현실은 언제나 이보다 훨씬 더 기이한 법이다."

현실 세계의 미래는 예측할 수 없을 정도로 끊임없이 변화한다. 진화 그 자체도 계속해서 진화하고 있다.

과학적 사고로 여는 새로운 세계

펴낸날 2025년 12월 10일 1판 1쇄

지은이 천원성
옮긴이 박영란
펴낸이 金永先
편집 나지원
디자인 urbook

펴낸곳 미디어숲
주소 경기도 고양시 덕양구 청초로 10 GL 메트로시티한강 A1-2002호
전화 (02) 323-7234
팩스 (02) 323-0253
출판등록번호 제 2-2767호

ISBN 979-11-5874-258-4(03400)

미디어숲과 함께 새로운 문화를 선도할 참신한 원고를 기다립니다.
이메일 dhhard@naver.com (원고 투고)